室内设计基础
与应用教程

理想·宅 编

设计理论与空间组织 部分

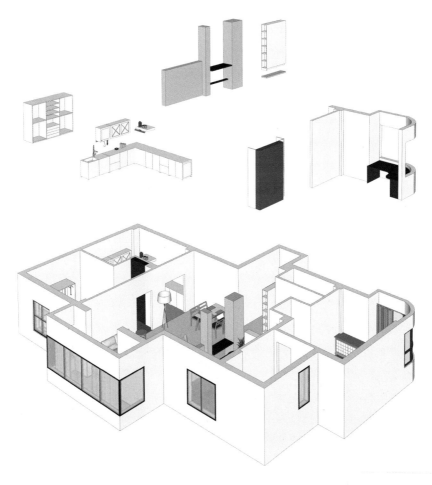

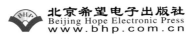

北京希望电子出版社
Beijing Hope Electronic Press
www.bhp.com.cn

U0271527

内 容 简 介

本书共包含"设计理论与空间组织"和"细部设计与软装布置"两部分，将室内设计的理论知识与应用设计相结合，既具备专业性又具备实用性。内容从空间格局、界面工法、人体工学、动线设计、色彩调整、室内风格、软装布置等多方面入手，涵盖量大、知识点全面，可使刚入行的室内设计师迅速掌握室内设计的重点，为日后的设计工作打下坚实的基础。

图书在版编目（CIP）数据

室内设计基础与应用教程 / 理想·宅编 . — 北京：
北京希望电子出版社 , 2019.9
ISBN 978-7-83002-723-0

Ⅰ . ①室… Ⅱ . ①理… Ⅲ . ①室内装饰设计—教材
Ⅳ . ① TU238.2

中国版本图书馆 CIP 数据核字 (2019) 第 197566 号

出版：北京希望电子出版社

地址：北京市海淀区中关村大街 22 号 中科大厦 A 座 10 层

邮编：100190

网址：www.bhp.com.cn

电话：010-82620818（总机）转发行部

　　　010-82626237（邮购）

传真：010-62543892

经销：各地新华书店

封面：骁毅文化

编辑：武天宇　刘延姣

校对：于灵素

开本：787mm×1092mm　1/16

印张：26

字数：532 千字

印刷：东莞市大兴印刷有限公司

版次：2019 年 10 月 1 版 1 次印刷

定价：168.00 元

前言

PREFACE

室内设计是一门较复杂的学科，对设计师的知识体系有着较高要求，在进行方案设计前，需要运用到色彩学、材料学、人体工程学等多方面的知识。而当硬装完成后，需要对室内空间进行进一步美化时，又需要用到软装设计方面的知识。由此以来，一个优秀的室内设计师，积累大量的实战经验十分必要。但对于刚入行的设计师来说，从工程中积累经验需要比较漫长的时间，想要在短时间内迅速地将理论与实践结合，阅览一些汇集成功设计师行业经验的图书是非常必要的。

本书由"理想·宅 Ideal Home"倾力打造，共包含"设计理论与空间组织"和"细部设计与软装布置"两部分，将室内设计所涵盖的重点内容悉数进行讲解。编写时，侧重于室内设计的理论常识与应用技法的结合，设定出专业性与实用性并行的体例结构。其中，上部分"设计理论与空间组织"的内容侧重于室内设计硬装知识的讲解，包含了设计常识、设计风格、空间格局、空间界面处理及室内设计与人体工程学等方面的内容；下部分"细部设计与软装布置"的内容侧重于软装知识的讲解，包含了室内配色、采光照明、家具与陈设、软装搭配与布置等方面的内容，两者的有机结合，可为刚入行的设计师将顺一条学习室内设计的思路，方便他们在繁杂的知识体系中快速掌握学科重点，为日后的设计工作打下坚实基础。

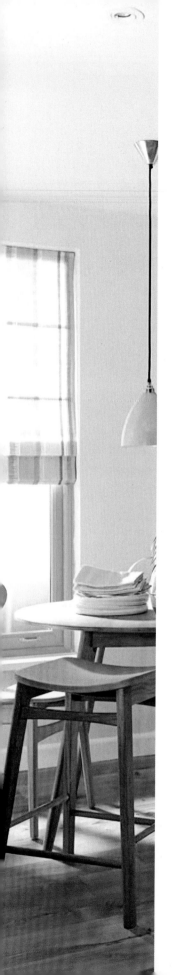

目 录 CONTENTS

设计是连接精神文化与物质文明的桥梁

可以说

设计是人的思考过程

是一种构想、计划

并通过实施

最终

以满足人类的需求为目标

人类通过设计

可以改善自身的生活环境

无论是城市环境

还是室内环境

都有设计存在的身影

而与人关系最为密切的

还是室内设计

第一章
室内设计常识

第一节

认识室内设计

一、概念

1. 宏观上的设计分类

关于宏观上的设计分类，历来有多种尝试，但是，若将构成世界之三大要素："自然—人—社会"作为设计体系分类之坐标点，便可由此科学地建立起相应的基础设计体系。

基础设计体系内的三大系统是紧密相联的，但在三大设计系统之中，由于近年来人们居住环境的不断恶化，引发了人们的"环境意识"的觉醒和"环境设计"概念的崛起。因此，通过空间环境设计改善人类生存条件就发展成为三大设计系统中最根本、最宏观、最要紧的方面。

▲基础设计体系。

2. 室内设计的概念

室内设计，是一门根据建筑物的使用性质、所处环境和相应标准，运用物理技术手段和建筑设计原理等知识，创造功能合理、舒适优美、满足人们物质和精神生活需要的室内环境的学科。

这一空间环境既具有使用价值、满足相应的功能要求，同时也反映了历史文脉、建筑风格、环境气氛等精神因素；明确地把"创造满足人们物质和精神生活需要的室内环境"作为室内设计的目的。现代室内设计是针对室内环境的综合设计。

基础设计体系

◆系统一，视觉传递设计：是维系社会这个大环境的人与人、人与社会的意志疏通和情报、信息交流装置设计。

◆系统二，生产产品设计：环境装置及生活用品设计。

◆系统三，空间环境设计：含括了城市及地区规划设计、建筑设计、园林、广场设计、雕塑、壁画等艺术作品设计和室内设计。环境艺术设计是以上各类艺术的整合设计。

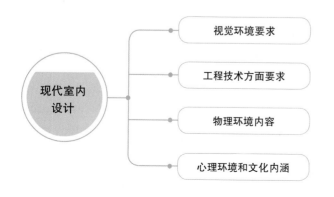

3. 室内设计的基本观点

（1）以人为本

　　地面、天花和墙壁是空间的基础，在这个基础之上加入颜色、材料、家具，就变成了室内设计。然而室内空间存在的目的是为人服务，因此，室内设计只有有"人"介入，才算是完成了全部设计。也就是说，室内设计的本质是"以人为本"。

　　设计者始终需要把人对室内环境的需求，放在设计的首位，由于设计的过程中矛盾错综复杂，设计者就需要清醒地认识到以人为本，为人服务，同时为了确保人们的安全和身心健康，应将满足人和人际活动的需要作为设计的核心。

　　按照这个道理来说，室内设计实际上不仅是对空间的设计，还需要对"行为"和"场景"进行设计。要考虑"人"在进入空间的时候，能看到什么、闻到什么气味、能听到什么，以及感受到的温度、湿度、亮度等。"人"从这些要素中会产生各种情感，又会将这些情感转化为各式各样的行为。

▲ 室内设计，始终应以"人"为主角，营造让置身其中的人感受到美和舒适的空间。为此对颜色、材料、线条和距离感进行设计。

（2）树立整体观

　　现代室内设计的立意、构思，室内风格和环境氛围的创造，需要着眼于对环境整体、文化特征以及建筑物的功能特点等多方面的考虑。从整体观念上来理解，现代室内设计应该看成是环境设计系列中的"链中一环"。

　　这里的"环境"着重有两层含义：一层含义是，室内环境包括室内空间环境、视觉环境、空气质量环境、声光热等物理环境、心理环境等许多方面；另一层含义是，把室内设计看成自然环境——城乡环境（包括历史文脉）——社区街坊、建筑室外环境——室内环境，这一环境系列的有机组成部分，是"链中一环"，它们相互之间有许多前因后果，或相互制约和提示的因素存在。

二、内容方向

室内设计是一门综合性学科，专业涵盖面较广，可归纳为四个部分。

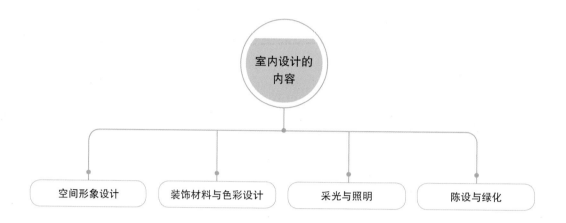

1. 空间形象设计

空间形象设计，是室内设计的起点，也是室内设计最基本的内容。就是对建筑所提供的内部空间进行处理，在建筑设计的基础上进一步调整空间的尺度和比例，解决好空间与空间之间的衔接、对比、统一等问题。

主要包括对空间的利用和组织、空间界面处理两个部分。空间设计的标准要求是室内环境合理、舒适、科学与使用功能相吻合，并且符合安全要求。

（1）空间组织

空间组织是根据原建筑设计的意图和主人的具体意见对室内空间和平面布置予以完善、调整和改造。包括设计会客、餐饮、睡眠等功能空间的逻辑关系，以及对不同区域合理连接和对交通路线的安排。

▲空间组织通过平面图体现。

（2）空间界面处理

空间界面主要是指墙面、隔断、地面和顶棚，它们的作用是分割空间和确定各功能空间之间的沟通范围。界面设计就是按照空间组织的要求对室内的各种界面进行处理，包括设计界面的形状以及界面和结构的连接构造。

2. 装饰材料与色彩设计

（1）装饰材料

装饰材料的选择，是室内设计中直接关系到实用效果和经济效益的重要环节。在选择装饰材料时首先考虑室内环境保护的要求，其次考虑是否符合整体设计思想、是否符合装饰功能的要求，同时还要符合业主的经济条件。

除了环保、功能和经济等方面外，材料的质地也会给人不同的感觉。粗糙质感会使人感觉稳重、粗犷，细滑的质感使人感觉轻巧、精致。合理的运用材质的变化，可以极大地加强室内设计的艺术表现力。

◀ 不同材料的质感构成丰富的层次。

（2）色彩设计

色彩是室内设计中最生动、最活跃的因素，它能对人的生理、心理以及室内效果的体现产生很重要的影响。

色彩设计的标准要求是色彩与色光的配置应该适合室内空间的需要，各装饰面和各种家具陈设的色彩应该与主色调相协调。

在色彩设计上，首先要从整体环境出发，空间的功能特性、气候朝向、地域和民族审美习俗等因素。色彩可分为冷色和暖色两大类，暖色给人以温暖的感觉，容易使人感到兴奋。冷色给人以清凉的感觉，使人感到沉静。室内的色彩设计虽然比较灵活，但是也要遵循一定的规律。例如同一房间的主色调不要超过 3 种，天花颜色不能比墙面颜色深，等等。

▲ 室内色彩设计可影响人的心理、生理和整体氛围。

3. 采光与照明

采光与照明设计的标准要求是自然采光与人工光源相辅相成，照明应满足室内设计的照度标准，灯饰应该符合功能要求。

在进行室内照明设计时，应该根据室内使用功能、视觉效果以及艺术构思来确定照明的布置方式、光源类型和灯具造型。灯具的布置方式就是确定灯具在室内空间的位置，根据灯具的布置方式可以把照明分为环境照明、重点照明和工作照明3种类型。

在灯具的样式方面，灯具的尺寸、造型、颜色都要与室内的装饰、色彩、陈设等保持风格上的协调统一，从而体现出整体的设计效果。

照明的类型

环境照明： 在室内进行均匀的照明，环境照明的光线主要来自壁灯、吊灯等高处的光源。

重点照明： 用于突出艺术装饰或某个需要引人注目的对象，从而达到强调物体的目的，嵌入式射灯、轨道射灯都可以提供重点照明的光线。

工作照明： 是在做用眼较多的工作时所需要的高亮度光线照明，例如书房中的台灯、梳妆台两侧的灯具等。

▲室内的照明设计，应满足使用和装饰的双层标准。

4. 陈设与绿化

（1）陈设

陈设是指室内除了固定于墙、地、顶面的建筑构件和设备外的一切实用或专供观赏的物品。设置陈设的主要目的是装饰室内空间，进而烘托和加强环境气氛，以满足精神需求，同时许多陈设还应具有实际的使用功能。

家具是室内空间中最重要的陈设，作为现代室内设计的有机构成部分，它既是物质产品又是精神产品，是满足人们生活需要的功能基础。在选择和设计家具时既要考虑家具的造型、色泽、质地和工艺等，还要符合使用功能并且与总体设计基调和谐。家具应符合人体工程学，另外还要特别注意家具的摆放位置和分割空间作用。

▲ 家具是室内的重要陈设，具有装饰和使用的双重功能。

（2）绿化

　　室内绿化具有改善室内小气候的功能，更重要的是室内环境生机勃勃，令人赏心悦目。绿色陈设的表现形式是多种多样的，最常见的有盆栽、盆景和插花等。

　　室内植物的选择是双向的，对室内来说，是选择什么样的植物较为合适，对于植物来说，应该是什么样的室内环境才适合生长。所以在设计绿化时不能盲目地进行单方面选择。

◀ 将绿植作为一处亮点时，可以选择较大型的绿植。

◀ 用植物做点缀时，可选择多种小型绿植，组合摆放。

三、发展与现状

1. 室内设计的现状

（1）行业市场迅速扩大

　　随着经济的不断发展，人们对于室内设计的观念和看法已经不再受到传统的局限，开始注重装饰自己的住房，同时，越来越多的年轻人选择实用的小户型，利用买房方面节约下的钱请室内设计师对住房进行设计，让房子在维持原有功能的同时，也能拥有大户型的空间感与舒适度。

　　由此可见，室内设计行业越来越得到人们的重视，这种重视有时能与房屋选择平起平坐。随着人们不断增长的生活需求和不断提高的设计要求，使得室内设计行业市场迅速扩大。

▲优秀的室内设计师，能让小户型也拥有宽敞感和舒适感。

（2）设计方法趋于创新

　　在设计方法上，由于人们对设计要求的不断提高，室内设计方法也在不断实现创新。已从一开始模仿西方经典案例和对经典范例设计的套用中走出来。室内设计师开始尝试追求设计的个性化，并结合民族特色和居住者的特点进行创新，在满足基本居住要求的同时，又能突显个人特色，从而不断发展自己的室内设计理念。

（3）设计模式结合科技

　　除了室内设计有所创新之外，随着科技的迅速发展，互联网经济促使人们将室内设计与各种科技相结合，形成例如 VR 设计模式、AR 设计模式、3D 全息投影式设计模式等新的设计模式，能够让设计师使用最新型的技术来展示自己的设计成果，并加强与客户之间的互动。

2. 室内设计的发展趋势

（1）回归自然趋势

随着环保意识的增强，人们渴望自然，渴望生活在自然的绿色环境中。北欧斯堪的纳维亚设计风格已经兴起，并对世界各国产生了巨大影响，北欧设计风格营造出田园诗般的舒适氛围，强调自然色彩和天然材料的应用，使用许多民间艺术技巧和风格。在此基础上，设计师继续努力回归自然，创造新的纹理效果，并使用具体的抽象设计技术，使人们与自然联系。

（2）艺术化趋势

随着社会物质财富的丰富，人们逐渐地从物体的积累中解脱出来，并且使房间内的各种物体之间存在统一的整体美感。室内环境的设计是整个艺术，它应该是对虚实空间、形式、色彩和关系的把握，对功能组合的把握，对艺术创作的把握以及与周围环境的协调。成功的室内设计案例都是强调艺术整体统一的作品。

（3）高度现代化趋势

随着科学技术的发展，在室内设计中采用了现代技术，在设计中实现了最佳的声、光、色、形匹配的效果，实现了高速、高效、高功能。

（4）个性化趋势

楼房的出现限制了建筑内部的个性化，同一栋楼内总是有相同或相似的房间结构。为了打破这一点，人们追求个性化。个性化可结合建筑特点，通过多种设计方法来展现，如将自然引入室内，使在室内和室外穿透或连接在一起；或者打破混凝土箱，斜角，斜线或曲线装饰，打破水平垂直线以找到变化。除此之外，还可以利用颜色、图案、材质的结合，来打破建筑本身的冷漠感，通过精心设计，给每个家庭房间一个个性化的角色。

（5）人性化趋势

设计师本着以人为本的思想，不断探索创新设计理念。在物质功能方面，既重视科技，又强调如何方便于"人"，极具人性化；在精神享受方面，既重视人们的心理需求，又突出艺术风格的高雅格调。

（6）高科技和高度情感

进入 21 世纪，室内设计正朝着高科技和高情感的方向发展。两者的结合强调科学与技术和人性。在艺术风格中，对新技术，新理论的追求层出不穷，使室内设计的未来呈现出勃勃生机。

四、设计程序

室内设计根据设计的进程，通常可以分为四个阶段，即设计准备阶段、方案设计阶段、施工图设计阶段和设计实施阶段。

第一阶段

设计准备

设计准备阶段主要是接受委托任务书，签订合同，或者根据标书要求参加投标；明确设计期限并制定设计计划进度安排，考虑各有关工种的配合与协调。

明确设计任务和要求，如室内设计任务的使用性质、功能特点、设计规模、等级标准、总造价，根据任务的使用性质所需创造的室内环境氛围、文化内涵或艺术风格等。

熟悉设计有关的规范和定额标准，收集分析必要的资料和信息，包括对现场的调查踏勘以及对同类型实例的参观等。

在签订合同或制定投标文件时，还包括设计进度安排，设计费率标准，即室内设计收取业主设计费占室内装饰总投入资金的百分比。

第二阶段

方案设计

方案设计阶段是在设计准备阶段的基础上，进一步收集、分析、运用与设计任务有关的资料与信息，构思立意，进行初步方案设计，深入设计，进行方案的分析与比较。确定初步设计方案，提供设计文件。室内初步方案的文件通常包括：

①平面图，常用比例 1：50，1：100。

②室内立面展开图，常用比例 1：20，1：50。

③平顶图或仰视图，常用比例 1：50，1：100。

④室内透视图。

⑤室内装饰材料实样版面。

⑥设计意图说明和造价概算。

初步设计方案需经审定后，方可进行施工图设计。

第四阶段

设计实施

设计实施阶段也即是工程的施工阶段。室内工程在施工前，设计人员应向施工单位进行设计意图说明及图纸的技术交底；工程施工期间需按图纸要求核对施工实况，有时还需根据现场实况提出对图纸的局部修改或补充；施工结束时，会同质检部门和建设单位进行工程验收。

第三阶段

施工图设计

施工图设计阶段需要补充施工所必要的有关平面布置、室内立面和平顶等图纸，还需包括构造节点详细、细部大样图以及设备管线图，编制施工说明和造价预算。

第二节

室内设计手法

一、设计原则与方法

1. 室内设计原则

（1）功能性原则

　　包括满足与保证使用的要求，保护主体结构不受损害和对建筑的立面、室内空间等进行装饰这三个方面。

（2）安全性原则

　　无论是墙面、地面或顶棚，其构造都要求具有一定强度和刚度，符合计算要求，特别是各部分之间的连接节点，更要安全可靠。

（3）合理性原则

　　不同的户型，不同的常住人口，不同的生活习惯会造成空间划分的多样性。要根据实际情况进行合理的空间划分。只有把空间划分好，才能去进行其他方面的装饰。

（4）可行性原则

　　之所以进行设计，是要通过施工把设计变成现实，因此，室内设计一定要具有可行性，力求施工方便，易于操作。

（5）经济性原则

　　要根据建筑的实际性质不同及用途确定设计标准，不要盲目提高标准，单纯追求艺术效果，造成资金浪费，也不要片面降低标准而影响效果，重要的是在同样造价下，通过巧妙地构造设计达到良好的实用与艺术效果。

（6）搭配原则

　　在进行各方面的搭配设计时，要满足使用功能、现代技术、精神功能等要求。

主体结构

主体是建筑的骨骼。基础、梁、柱、板、承重墙、楼梯间、屋面、墙体都属于主体工程。根据建筑结构的不同，可分为两种类型。

◆第一，在砖混结构中，主体结构是基础、梁、圈梁、柱、构造柱、墙、楼梯、板、屋面板叫主体结构。

◆第二，在框架结构、剪力墙结构、框剪结构或框支结构工程中，主体结构是基础、梁、板、柱、砼墙、楼梯工程，对于后砌的填充墙，也叫主体部分。

2. 室内设计的方法

（1）大处着眼、细处着手，总体与细部深入推敲

大处着眼是指在设计时思考问题和着手设计的起点应高一些，有一个设计的全局观念；细处着手是指进行具体设计时，必须根据室内的使用性质，深入调查、收集信息，掌握必要的资料和数据，从最基本的人体尺度、人流动线、活动范围和特点、家具与设备等的尺寸和使用它们必须的空间等着手。

▲室内设计应考虑人体尺度、动线、家具等多方面内容。

（2）从里到外、从外到里，局部与整体协调统一

建筑师A. 依可尼可夫曾说："任何建筑创作，应是内部构成因素和外部联系之间相互作用的结果，也就是'从里到外''从外到里'。"

室内环境的"里"，以及这一室内环境连接的其他室内环境，和建筑室外环境的"外"，它们之间有着相互依存的密切关系，设计时需要从里到外，从外到里多次反复协调，务使更趋完善合理。室内环境需要与建筑整体的性质、标准、风格，与室外环境相协调统一。

（3）意在笔先或笔意同步，立意与表达并重

意在笔先原指创作绘画时必须先有立意，即深思熟虑，有了"想法"后再动笔，也就是说设计的构思、立意至关重要。可以说，一项设计，没有立意就等于没有"灵魂"，设计的难度也往往在于要有一个好的构思。具体设计时意在笔先固然好，但是一个较为成熟的构思，往往需要足够的信息量，有商讨和思考的时间，因此也可以边动笔边构思，即所谓笔意同步，在设计前期和出方案过程中使立意、构思逐步明确，但关键仍然是要有一个好的构思。

对于室内设计者来说，正确、完整，又有表现力地表达出室内环境设计的构思和意图，使建设者和评审人员能够通过图纸、模型、说明等，全面地了解设计意图，也是非常重要的。在设计投标竞争中，图纸质量的完整、精确、优美是第一关，因为在设计中，形象毕竟是很重要的一个方面，而图纸表达则是设计者的语言，一个优秀室内设计的内涵和表达也应该是统一的。

二、空间改善作用

　　建筑基本的户型空间结构，并不一定能满足每一户家庭对空间的使用要求，这就要求室内设计师对这些不合理空间加以整治和调节，来重新营造适宜生活起居的室内空间。

　　不合理空间就是指空间的比例与空间的实用机能相悖，与人们的视觉心理相背，成为一种非理想的空间形态，对这种空间进行改善，就是空间调节。利用多种手段来改良不良的空间形态，是室内设计师能力的最佳体现。

1. 实质性调节

　　实质性调节就是通过改造建筑实体的空间界面和构件，使之接近理想的空间形态，从而为装修计划创造良好的基础条件。其主要方法有隔断、改变界面和构件调节。

（1）隔断

　　隔断就是用各种形式的实体构件，按理想的空间要求，将失衡的室内空间再分隔成几个部分，改变原有的不合理状态，使之尽量适合生活起居的需要。这种手段主要用于调节过分狭长的室内空间。比如狭而长空间，就可考虑用多种多样的隔断形式来加以处理。

（2）改变界面

　　改变界面主要包括改变侧界面、底界面和顶界面，重新组合他们之间的关系，最后达到调节空间形态的目的。直白的说，就是室内空间的剖面再设计和再造型，只是其中要注入空间调节的内容。它既可以调节狭长空间，又可以调节过高或过低的空间，使界面产生变化，形成令人舒适的空间。

（3）构件调节

　　构件调节就是利用依附于建筑实体上的固定构件，对空间加以控制，使之起到充实空间、扩大空间和缩小空间的调节作用，诸如可利用建筑的梁、柱、楼梯、花格、灯具等来修饰与完善空间。

▲利用隔断改善空间。

▲改变界面改善空间。

▲构建改善空间。

2. 非实质性调节

非实质性调节是通过非结构性的附加装饰手段，对空间进行视觉、心理上的调节，并不增加或减少实际的空间量。但它的意义和作用却不亚于对空间的实质性调节。在室内设计创作过程中，非实质性调节往往成为室内设计师们苦心经营的主要内容，它包括对正常室内空间二次性调节，也包括对实质性空间的二次调节。

（1）色彩调节

利用色彩要素和原理，对空间距离效应的一种调节手段。其中包括明度调节、彩度调节和冷暖调节等。

首先，不同明度具有视觉的进退效应，即相同面积不同明度的颜色就会产生不同的距离感。因此，可以利用它来调节空间任何方向的距离，使之接近理想状态。高明度空间会在视觉心理上产生空间的缩小感，因为高明度会产生墙面的前进效应，而低明度空间可使人在视觉心理上产生扩大感，主要是明度低就会使空间界面产生后退感，从而使空间产生扩大效应。相似的是，两个同样面积的色块并置时，高彩度色会有前进感，而低彩度色则会产生后退感。因此，在室内设计过程中，对色彩的使用，不仅要考虑到表现室内环境气氛，同时还应兼顾到实际空间的体量是否需要通过彩度加以平衡。

最后，色彩的冷暖特性对室内空间距离效应的调节也具有相应的作用。实践证明，当面积相同而冷暖不同的蓝色和红色并置时，会产生明显的进退反差。

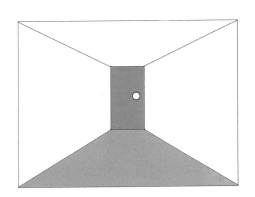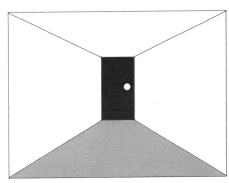

▲同面积不同明度颜色的距离感。

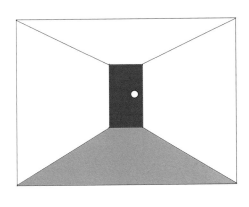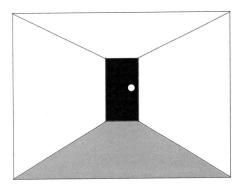

▲同面积不同冷暖颜色的距离感。

（2）结构调节

　　这里的结构是指对室内各界面、大型陈设装饰构件的组成构架来说的。诸如对墙裙、墙壁的划分，屋顶、地面图案的构成，都会有个结构方向，而方向要素对室内空间调节具有特殊的意义。所以说结构调节是室内设计师的重要设计技巧之一。

　　例如，直线型的装饰结构可以给室内空间带来简洁、宁静的感觉，在墙面上设计直线装饰线条，既可加深空间的层次、活跃气氛，同时还具有延伸长度的作用。另外，大结构的装饰还能缩小室内空间，进而从心理上达到调节空间的目的。

▲墙面直线条的运用，在视觉上延伸了长度。

　　装饰图案的大小也会对空间大小的感觉产生一定的影响。在同一个空间内，使用花型较大的图案，就会感觉空间变小，相反，使用花型小的图案，相对地会使这一空间产生扩大感。

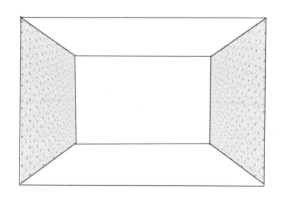

▲花型小的图案，可使空间更宽敞。

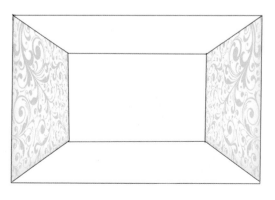

▲花型大的图案，可缩小空间感。

（3）装饰艺术调节

装饰艺术调节主要是指利用装饰艺术品来对室内失衡空间加以调节，诸如室内壁画、壁挂等。一般来说，室内装饰艺术品的使用，往往是从调节气氛的目的出发的。实际上，还可以利用它们的透视感和体量感等，对不理想的空间进行改善。

例如，室内某方向深度不够时，可利用壁画加深空间层次，使之具有一定的透视关系，就可以令墙面产生后退感，使空间得以调节。

又如，在一个较大的空旷空间中，在室内设计一个大型的抽象雕塑作装饰，或在空旷的墙面上悬挂一个大的挂件，都可以在缩小空间感的同时，提升高雅的情趣。

▲利用壁画加深过道层次。　　　　　　　　　　▲大型挂饰缩小了空间感。

（4）材料调节

装修材料在室内空间中的调节作用，主要是通过材料的选择与组合来实现的，尤其是现代装饰材料，对扩大室内空间效果起着举足轻重的作用。

一般情况下，用粗糙质感的材料装饰室内界面时，室内空间会产生扩大的感觉，而精细质感的材料则因表面光滑而产生前进的感觉，相应地便会在视觉上产生缩小空间的效果。

◀ 墙面的粗糙材料，使空间具有扩大感。

家居风格的设计

对于每一个设计师来说

都是一门必修课

但由于形成一个家居风格

涉及的因素很多

如色彩、建材、装饰、形态等

不同的家居风格

对于元素的应用也千差万别

这就需要设计师系统了解每种风格的特点

以及类似风格之间的差异

只有深入了解每种家居风格的特点

及常用设计元素

才能在设计时

将各种风格的特点展现出来

第二章
室内设计风格

第一节

室内风格形成及流派

一、成因与影响

1. 室内风格的成因

室内设计风格的形成离不开建筑甚至家具风格的影响，有时也以相应时期的绘画、造型艺术，甚至文学、音乐等的风格为其渊源并相互影响。

例如建筑和室内设计中的"后现代主义"一词及其含义，最早起源于西班牙的文学著作中，而"风格派"则是具有鲜明特色荷兰造型艺术的一个流派。可见，建筑艺术除了具有与物质材料、工程技术紧密联系的特征之外，还和文学、音乐以及绘画、雕塑等门类艺术之间相互沟通。

室内设计风格的形成，是不同的时代思潮和地区特点，通过创作构思和表现，逐渐发展成为具有代表性的室内设计形式。一种典型风格的形成，通常是和当地的人文因素和自然条件密切相关，又需有创作中的构思和表现，形成风格的外在和内在因素，具有艺术、文化、社会发展等深刻的内涵。

2. 室内风格的影响

一种风格一旦形成，它又能对文化、艺术以及诸多的社会因素产生积极或消极影响。

当前社会人们对自身周围环境的需求除了能满足使用要求、物质功能之外，更注重对环境氛围、文化内涵、艺术质量等精神功能的需求。

室内设计不同艺术风格的产生、发展和变化，是建筑艺术历史文脉的延续和发展，具有深刻的社会发展历史和文化的内涵，同时也必将极大地丰富人们与之朝夕相处活动于其间时的精神生活。

● 后现代主义

"后现代主义"一词最早出现在西班牙作家德·奥尼斯1934年的《西班牙与西班牙语类诗选》一书中，用来描述现代主义内部发生的逆动，特别有一种现代主义纯理性的逆反心理，即为后现代风格。20世纪50年代美国在所谓现代主义衰落的情况下，也逐渐形成后现代主义的文化思潮。

● 风格派

1917年在荷兰出现的几何抽象主义画派，以《风格》杂志为中心。创始人为特奥·凡·杜斯堡，主要领袖为彼埃·蒙德里安。蒙德里安提倡自己的艺术"新造型主义"，所以风格派又称作新造型主义。

二、艺术流派

流派，这里是指室内设计的艺术派别，现代室内设计从所表现的艺术特点分析，也有多种流派，主要有：高技派、光亮派、白色派、新洛可可派、风格派、超现实派、解构主义派以及装饰艺术派等。

1. 高技派或称重技派

高技派也被称为重技派，此流派的室内设计讲求突出当代工业技术成就、崇尚机械美，并在室内设计将其彰显出来，设计时，可直接暴露梁板、网架等结构构件和风管、线缆等各种设备和管道，来凸显工艺艺术。

2. 光亮派

光亮派也称银色派，在室内设计中，多使用新型材料，凸显现代材料的精细感及光亮的效果，例如常大量使用反射性极强的各类玻璃材料、不锈钢。除此之外，抛光后的花岗石和大理石的使用频率也极高。为了凸显材质的光泽感，通常还会搭配相应的照明设计，例如各种投射、折射类的光源和灯具，形成极具光泽感的、绚丽夺目的室内环境。

3. 白色派

白色派，就是以白色为主的室内设计派别。室内界面甚至家具都以白色为主，力求塑造一种简洁而又朴实的效果。较为著名的案例为美国建筑师理查德·迈耶设计的史密斯住宅及其室内，理查德·迈耶的白色派室内，并不是简单的用简洁的造型和大量的白色进行室内处理，而是具有深刻的内涵。此种内涵在于，在进行设计时，设计师综合考虑了人在室内的活动路线，通过门窗等构件，将室内设计与室外的景色结合，实现两者的联通。将室外环境设计成了"背景"，因此，即使室内的造型和色彩没有过多的渲染，也不会让人觉得单调乏味。

4. 新洛可可派

洛可可原为 18 世纪盛行于欧洲宫廷的一种建筑装饰风格，其显著特征为精细轻巧和繁复的装饰。新洛可可派承袭了洛可可风造型繁复的特点，同时将其与现代加工技术、新型装饰材料和工艺手段结合，展现出华丽、浪漫却不失现代感的效果。

5. 风格派

风格派起源于 20 世纪 20 年代的荷兰，此流派的代表人物为画家彼埃·蒙德里安。在设计方面，以突出纯造型的表现从传统及个性崇拜的约束下解放艺术为主旨，主张抽象设计，认为抽象的才是真实的。

在室内设计中，色彩及造型都极具个性特点。造型方面最常以几何方块为基础，无论是装饰还是家具，均以几何形体的造型为主，并配以凹凸造型的屋顶或墙面来凸显造型特点。与此同时，辅以强烈的色彩组合，来进一步凸显造型的特点，典型色彩设计为以红、黄、青三原色为主，间或搭配黑、灰、白等色彩。

6. 超现实派

超现实派的设计以追求超越现实的艺术效果为主旨。在室内设计中，异常的空间组织、曲面或具有弧形线型的设计极其常见，还会搭配或浓厚或个性的色彩组合，以及具有艺术性的光影设计。同时，打破常规造型的家具与设备、现代绘画或雕塑，也常被用来烘托气氛。此流派的设计，适合对视觉形象有特殊要求的人群。

7. 解构主义派

解构主义兴起于 20 世纪 60 年代，代表人物是法国的哲学家雅克·德里达，该流派的设计主旨是对 20 世纪前期欧美盛行的结构主义进行质疑和批判。在室内设计中，否定传统设计方式，强调自由的、不受历史文化和传统理念约束地进行设计。该流派的设计突破了传统形式的构图，且用材非常粗放。

8. 装饰艺术派或称艺术装饰派

装饰艺术派诞生于 20 世纪 20 年代，起源是法国巴黎召开的一次装饰艺术与现代工业国际博览会，而后传至美国等国家。此派别的设计，兼容了古典和现代的特征，属于一种折中的风格。在室内设计中，善于运用多层次的几何线型、重复线条及图案，重视几何块体以及曲折线的表现形式，在门窗线脚、槽口及腰线、顶角线等部位通常会做重点装饰。在世界范围内，最典型的代表建筑是美国纽约曼哈顿的克莱斯勒大厦与帝国大厦。在我国，典型的室内设计代表为上海和平饭店的大堂，其室内的装饰图形富有文化内涵，灯具及铁饰栏板的纹样极为精美，并格式平顶粉刷也为精细图案，均具有典型的装饰艺术派风格设计元素。

▼ 高技派代表：法国巴黎蓬皮杜国家艺术与文化中心。

▲白色派代表：史密斯住宅。

▲风格派室内设计。

▲解构主义派室内设计。

▲装饰艺术派代表：上海和平饭店大堂。

第二节

室内设计常见风格

一、现代风格

1. 现代主义风格的起源

19 世纪末工业革命，给艺术领域所带来的冲击超过了以往任何一个时期，同时也宣告了农业社会的结束与工业社会的开启。此后，新兴的艺术流派层出不穷，但是没有一个现代艺术流派在实质上超过了抽象主义对现代建筑与室内艺术的贡献。1919 年包豪斯学派成立，第一批教师当中就有抽象主义的开山鼻祖瓦西里·康定斯基和保罗·克利等人。抽象艺术因此成了现代风格的指导方针和精神源泉。

（1）点线面艺术理论的起源

康定斯基是俄罗斯的画家和美术理论家。康定斯基第一个提出了点、线、面的抽象艺术理论，点、线、面代表了几何抽象艺术所包含的最基本的构成要素。如今，点、线、面的抽象艺术理论是现代风格设计要素。

▲康定斯基的点线面艺术论绘画作品《白色之上》。

▲点线面艺术理论在现代风格空间中的运用。

（2）几何抽象艺术的来源

彼埃·蒙德里安相信宇宙万物均是按照数学的原则建立的，他最终找到了由水平线、垂直线、三原色（红、黄、蓝）和三非色（黑、白、灰）共八种基本元素组成的绘画公式。几何抽象艺术因此成为现代风格中最具活力的艺术形式之一。

▲蒙德里安《红，蓝，黄构图》。

▲蒙德里安的色彩构成在室内设计中的运用。

2. 现代风格的设计理念

（1）现代风格的理念

现代风格设计是以德国包豪斯学派为代表的建筑设计为标志的设计。该学派在当时的历史背景下，强调突破旧的传统，创造新的建筑，并反对多余的装饰，崇尚合理的构成工艺，尊重材料的性能，重视建筑结构自身的结构形式美。在包豪斯的影响下，当时的欧洲形成了造型简洁，功能合理，布局以不对称的几何形态为特点的建筑设计风格，并影响到现代风格的室内设计领域。

▲造型简洁，运用新的材料。

（2）现代风格的特征

新的材料：钢筋混凝土、玻璃、金属、塑料的运用；打破几千年以来建筑完全依附于木材、石料、砖瓦的传统。

新的形式：以理性主义为主要特点，提倡非装饰的简单几何造型和理性的、有秩序的现代风格设计方式。

▲简单的几何造型具有秩序感。

3. 现代风格的色彩设计

现代风格张扬个性、凸显自我，色彩设计极其大胆，追求鲜明的效果反差，具有浓郁的艺术感。现代风格更显著的特点是注意色彩对比，以及注重材料类别和质地。现代风格的色彩搭配形式可以总结为两类，一种以无色系中的黑、白、灰为主色，三种色彩至少出现两种；另一种是具有对比效果的色彩。

（1）无色系组合

此种配色方式是以黑、白、灰为主色，三种色彩至少出现两种。其中白色最能表现简洁感，黑色、银色、灰色能展现明快与冷调。

无色系组合		
白色 + 黑色 + 灰色	◎ 白色同时搭配黑色与灰色，或搭配黑色和灰色中的一种，呈现经典、时尚的效果 ◎ 以白色做背景色，黑色用在主要家具上，适合小空间；黑色用在墙面，适合采光好的房间 ◎ 白色与灰色组合，以白色为主灰色为辅或者灰色为主白色为辅来均可，兼具整洁感和都市感	
白色 + 灰色 / 黑色 + 金属色	◎ 以白色组合灰色作为主色 ◎ 金属色可通过材料或小件的灯具及软装饰来展示，效果呈现科技感和未来感	
无色系组合	◎ 第一种为黑、白、灰三色组合，可适当加入一些大地色，配色具有极强的时尚感，且层次更丰富 ◎ 第二种以黑、白、灰组合为基础，加入银色增添科技感，加入金色增添低调的奢华感	
黑白灰 + 彩色	◎ 以无色系的黑、白、灰为基调，搭配高纯度或较为突出的彩色，可将其作为主角色、配角色或点缀色，效果夸张又个性 ◎ 组合的色彩色相不同，整体氛围会随之而变化	

（2）棕色系组合

　　以浅茶色、棕色、象牙色等为主色，展现厚重感的前卫性，可用不同明度的棕色系组合，无色系做点缀。

棕色系组合		
棕色系＋黑、白、灰	◎ 棕色系包括茶色、棕色、象牙色、咖啡色等，相近于泥土的颜色，因此也被人们称为大地色系 ◎ 棕色系与无色系组合的前卫家居配色具有厚重而时尚的基调，而厚重感的程度取决于棕色系色调的深浅	
棕色＋彩色	◎ 棕色用在主要位置表现前卫感，特别是使用暗色调的棕色时，点缀一些彩色可以减轻一些厚重感，彩色的明度和纯度可突出一些 ◎ 彩色使用对比色的组合，是最具前卫感的搭配方式	

（3）对比色

　　以无色系或棕色系为基色，搭配高纯度对比色或多色，能够形成大胆鲜明、对比强烈的效果。若为大面积居室，对比色中一种可作为背景色，另一种作为主角色；若为小面积居室，对比色可做配角色或点缀色使用。

对比色		
两色对比	◎ 以一组对比色组合为主的配色方式，如红蓝、黄蓝、红绿等，互补色对比感最强 ◎ 用白色或灰色调节对比色，能令空间具有强烈冲击力，配以玻璃、金属效果更佳	
多色对比	◎ 以至少包含一组对比色为主，组合其他色相的多种色彩，进而产生对比效果 ◎ 为了避免过于刺激而失去家居氛围，可用无色系调节 ◎ 此种配色方式，是现代风格中最活泼、开放的空间配色方式	

4. 造型、图案在现代风格中的体现

　　现代风格的造型、图案多以点、线、面的几何抽象艺术代替繁复的造型。现代风格的空间造型常被分解成几何结构、直线、方形或弧形。空间的材质与色彩化身为形态各异的色块点缀其间，彰显出刚劲、严谨、简洁和理性的现代气质。置身其中，如同欣赏一幅幅几何抽象绘画作品。

（1）几何结构

　　现代风格的室内空间中，造型及图案设计部分还会较多运用几何结构类的元素组成的图案，这些元素主要包括有：直线、圆形、弧形等。使用此类的造型及图案装饰空间能够强化现代风格的造型感和张力，同时体现其创新、个性的理念。几何图形大多极具简洁感，也可以成为现代风格的居室装饰设计的最有利表现手段。

▲几何形体的造型，具有极强的现代感和张力。

（2）点线面组合

　　点线面的组合在现代风格的居室中运用十分广泛。它不仅体现在平面构成里，立体构成和色彩构成也都能体现出点线面的关系。需要注意的是，线需要点来点缀，才能灵活多变；但点多了就会感觉散，面多了就会感觉呆板，线多了就会感觉零乱，因此在居室设计中，这些元素要灵活组合。

▲由线和面组成的电视墙，丰富了客厅的层次感。

▲点线面构成的装饰画，令空间充满了灵动感。

5. 现代风格中材料的运用

　　现代风格的家居在选材上不再局限于石材、木材、面砖等天然材料，还使用新型的材料，尤其是不锈钢、铝塑板或合金材料，作为室内装饰及家具设计的主要材料；也可以选择玻璃、塑胶、强化纤维等高科技材质，来表现现代时尚的家居氛围。

（1）不锈钢

　　不锈钢不仅是一种新颖的具有很高观赏价值的装饰材料，而且其镜面反射作用，可取得与周围环境中的各种色彩、景物交相辉映的效果；同时在灯光的配合下，还可形成晶莹明亮的高光部分，对空间环境的效果起到强化和烘托的作用。广泛运用于小面积的墙面造型、家具及装饰品中。

◀ 不锈钢茶几，强化客厅的现代感。

◀ 不锈钢结构座椅，具有极强的时尚感。

（2）镜面玻璃

　　玻璃饰材的出现，让人在空灵、明朗、透彻中丰富了对现代主义风格的视觉理解。同时，它作为一种装饰效果突出的饰材，可以塑造空间与视觉之间的丰富关系。比如灰色、银色的镜面玻璃切割成规则的几何形体作为背景墙，最能体现现代家居空间的变化。

▶灰镜切割成条形装饰背景墙，在空间感上增添了变化。

（3）无色系大理石

　　现代风格居室追求简约大气，搭配无色系的大理石材质，尽显独特魅力。大理石不仅可以做台面，也可以做垂直的墙面背景。黑白灰的素雅色调，搭配上原始石材的清晰花纹，具有简洁而又现代的气质。

▲灰色和米色大理石组合，具有简洁而又现代的气质。

6. 现代风格家具的类别及特征

现代风格大多使用最新的材料，具有创新性，尤其是各种金属、玻璃、塑料等，经常被作为家具的主体材料使用；纯板式家具的色彩更鲜艳、明亮，多搭配玻璃材料；金属家具具有代表性，配以玻璃大理石等现代材料，有很强的时代感和现代色彩；材料的多样化，使组装方式及工艺手法更现代、多样；造型简练，总体来说可分为几何造型和直线造型两种类型。

（1）几何造型家具

在现代风格的空间中，除了运用材料、色彩等技巧营造格调之外，还可以选择造型感极强的几何型家具作为装点的元素。如圆形或不规则多边形的茶几、边几等。利用此种手法不仅简单易操作，还能提升房间的现代感。

几何造型家具

（2）直线造型家具

现代风格的直线造型家具，除了体现在沙发上外，还包括板式家具，它具有简洁明快、新潮、布置灵活等优点，选择范围广，是家具市场的主流。而现代风格追求造型简洁的特性使板式家具成为此风格的最佳搭配，其中多以装饰柜为主。

直线造型家具

7. 现代风格常见装饰品

现代风格不拘泥于传统的逻辑思维方式，探索创新的造型手法，追求个性化。在软装饰品的搭配中常把夸张变形的，或是具有现代符号的饰品融合到一起，因此一些怪诞的抽象艺术画、无框画、金属、玻璃灯罩、玻璃饰品，抽象金属饰品等被广泛运用到现代风格的家居中。

（1）抽象艺术画

抽象画具有强烈的形式构成，较符合现代风格的特点。在现代风格室内悬挂或摆放几幅抽象艺术画，不仅可以提升空间品位，还可以达到释放整体空间感的效果。沙发背景墙、卧室背景墙、书房、过道侧面均可采用抽象艺术画装饰。

▶无色系的抽象画的使用，提升了卧室的品位。

（2）金属、玻璃灯具

灯具采用金属、玻璃作为灯罩，搭配金色、银色等金属色，可以塑造出个性而独具品位的居室空间。在客餐厅中布置金属、玻璃的造型灯可为空间增添极强的现代美感。

（3）玻璃饰品

玻璃饰品不仅自带了玻璃材料的通透感和折射感，搭配不同的造型，更给空间带来了立体感。小型的玻璃制品可选择靓丽的色彩，摆放在客厅茶几或角几上，作为现代风格的点睛之笔。

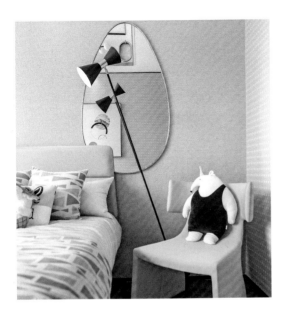

▲无色系的金属灯具，具有极强的现代美感。

▲透明的玻璃饰品，是玄关风格的点睛之笔。

8. 现代风格案例解析

　　新颖的现代风格住宅，于米色和绿色基调的空间中，巧妙掌握材质层次的转换与色彩比例，达成略带活泼感的效果与居住的舒适感。层次鲜明的天花线板造型，不经意间拉高了空间视觉高度，也隐约与廊道空间区隔。空间中的段落延续与转折，是设计者巧妙的空间构思。

▲客厅配色以米色为主，搭配浓郁的绿色，形成了明度的对比，凸显视觉张力，也达成了营造清新而时尚的目的。

◀餐厅内的桌椅、装饰镜均具有显著的现代风特征，布置虽简洁，却彰显风格特点。

▲卧室墙面设计较简约，在床头部分仅采用直线条为主的线、面设计，搭配直线条为主的家具和地毯，简洁而不乏现代风格的时尚感。

▲儿童活动室内，使用了高纯度黄色的座椅和储物柜，不仅凸显出了现代风格的配色特点，同时也与儿童的年龄和个性相符。

二、简约风格

1. 简约风格的起源

　　简约主义源于 20 世纪初期的西方现代主义，是由 20 世纪 80 年代中期对复古风潮的叛逆和在极简美学的基础上发展起来的。90 年代初期，开始融入室内设计领域。简约主义发展至今，虽然在造型上几乎没有任何装饰，但是很注意几何造型的典雅，达到简单而又丰富的效果。进入 21 世纪，随着材料学的发展，绿色设计、可持续发展性设计等理念深入人心，简约主义又一次进入了大众的视野。

◀ 简约风格的空间，具有简单却丰富的效果。

2. 简约风格的设计理念

　　简约风格的特色是将设计的元素、色彩、照明、原材料简化到最少的程度，但对色彩、材料的质感要求很高。

　　因此，简约的空间设计通常非常含蓄，却往往能达到以少胜多、以简胜繁的效果，以简洁的表现形式来满足人们对空间环境感性的、本能的和理性的需求，这是当今国际社会流行的设计风格——简洁明快的简约主义。

▶ 简约风格的材料使用和色彩搭配，具有简约、明快的感觉。

3. 简约风格的色彩设计

简约风格主张废弃烦琐的装饰，以个性化、简洁化的方式塑造舒适家居。色彩设计，通常以黑、白、灰色为大面积主色，搭配亮色进行点缀，黄色、橙色、红色等高饱和度的色彩都是较为常用的几种色调，这些颜色大胆而灵活，作为点缀色使用不单是对简约风格的遵循，也是个性的展示。

（1）白色为主

简约风格中白色非常常见，白顶、白墙与任何色彩的软装搭配。搭配米色、咖色可塑造温馨氛围；搭配艳丽的纯色，如红色、黄色、橙色等，具有十足的活力；塑造清新、纯真的氛围，可搭配明亮的浅色。

白色为主		
白色 + 黑色	◎ 黑、白两色组合，具有明快而又简约的氛围，是最为经典的配色方式之一 ◎ 将白色作为主色，使用黑色作为跳色是最常见的手法，还能够起到扩大空间感的作用 ◎ 黑色大面积的使用让人感觉阴郁、冷漠，可以以单面墙或者主要家具来呈现	
白色 + 灰色	◎ 明度高的灰色具有时尚感，与白色搭配时，做背景色或主角色均可，此种组合适用范围较广，比较容易搭配 ◎ 明度低的灰色可以以单面墙、地面或家具的方式来展现	
黑、白、灰组合	◎ 无色系内的黑、白、灰三色组合，是最为经典的简约配色方式，效果时尚、朴素 ◎ 以白色为主，搭配灰色和少量黑色的配色方式是最适合大众的简约配色方式，且对空间没有面积的限制	
无色系 + 浅木色 / 米色	◎ 以黑、白、灰三色中的两色或三色组合为基调，搭配米色或浅木色用在地面、部分墙面或家具上，能够以简洁为主的空间，增添一些温馨感和文艺气质	

（2）无色系组合为主

　　简约风格家居的色彩设计离不开黑、白、灰三色，将其作为基调，而后搭配纯度较高的色彩进行点缀；具体设计时，可以根据居室的面积及采光决定黑、白、灰的组合形式及使用面积，如果面积小，不建议将黑色大面积使用在墙面上。

无色系组合为主	
无色系 + 暖色	◎ 用黑、白、灰三种颜色中的一种或两种，组合红色、橙色、黄色等高纯度暖色，能够营造出靓丽、活泼的氛围 ◎ 组合低纯度的暖色，则给人温暖、厚重的感觉
无色系 + 冷色	◎ 无色系中的黑、白、灰，搭配蓝色、蓝紫色、青色等冷色色相，能够营造出清新、素雅、爽朗的氛围 ◎ 根据所搭配冷色色调的不同，给人的感觉也会有一些微弱的变化
无色系 + 对比色	◎ 对比色在无色系的大环境下，具有极强的活跃性及张力 ◎ 最具活跃感的是以白色做背景色，其次是灰色，若放在黑色家具上活泼的氛围下，还具有一丝高档感
无色系 + 多彩色	◎ 无色系占据主要位置如背景色或主角色的情况下，搭配多种彩色，是层次感最为丰富、氛围最为活跃的简约风格配色方式 ◎ 想要更加聚焦视线及增加张力，彩色中可以使用 1~2 种纯色调的色彩

4. 造型、图案在简约风格中的体现

简约设计风格强调少就是多，舍弃不必要的装饰元素，追求时尚和现代的简洁的造型。与传统风格相比，现代简约用最直白的装饰线条体现空间和家具营造的氛围。因而造型及图案的选择上，常见一些简单的直线条、直角及几何图案，以凸显风格的特点。

（1）直线条造型

线条是简约风格中不可缺少的一种元素，无论是造型还是图案都离不开这种元素，因为，直线条最能表现出简约风格简洁的特点。表现在图案方面，很少会单独使用"线"，而是更多采用直线组成的"面"搭配大块面的色彩来组合设计。

◀ 直线条的家具和墙面造型，具有理性且简洁的气质。

（2）几何元素

几何形状的造型和图案是现代风格的代表性图案，简约风格延续了现代风格的一些特征，因此也延续了图案的部分特征。图案的选择很有讲究，需具有简洁和利落感的设计类型，才更能够彰显出简约风格的特点。

◀ 几何图案的装饰画，极具利落感和艺术感。

5. 简约风格中材料的运用

简约风格摒弃繁杂的造型，无须采用多余的材料装饰和复杂的造型设计，通常保持材料最原始的状态，以展现流动性和简洁性。因此，纯色涂料、条纹壁纸、浅色木纹饰面板等材料被广泛运用。

（1）纯色涂料

各种色彩的光滑面涂料或乳胶漆是简约风格家居中最常用的顶面和墙面材料，没有任何纹理的质感能够塑造出简洁的基调，色彩可根据喜好和居室面积来选择。

◀ 灰色涂料搭配黑色沙发，具有很强的理性感。

（2）浅色木纹饰面板

浅色木纹饰面板干净、自然，尤其是原木材质，清新典雅，给人以返璞归真之感。与简约风格摆脱烦琐、追求简单自然的理念非常契合。其既可以用于墙面的柜体造型也可以用于墙面造型。

◀ 原木材质的柜子搭配黑色为主的餐桌椅，温馨又利落。

（3）无色系大理石

　　无色系大理石包括黑色、灰色、白色系的大理石，属于简约风格的代表色。纹理不宜选择太复杂的款式，通常被用在客厅中装饰主题墙，可以搭配不锈钢边条或黑镜。

◀ 灰色系大理石地面搭配白色大理石吧台，雅致而简洁。

（4）纯色或简练花纹壁纸

　　纯色或简练花纹的壁纸给人的感觉比较简练，符合简约风格的主旨，很适合用在简约家居的客厅电视墙、沙发墙、卧室或书房的墙面上，平面粘贴或与涂料、乳胶漆、石膏板等材料搭配组合做一些大气而简约的造型，为简约居室增添层次感。

▲墙面使用纯色肌理壁纸，简洁但不简单。

6. 简约风格家具的类别及特征

现代简约风格的家具，讲究的是设计的科学性与使用的便利性。主张在有限的空间发挥最大的使用效能。家具选择上强调让形式服从功能，一切从实用角度出发，废弃多余的附加装饰，点到为止。因此带有收纳功能的家具、直线条家具和点缀型的巴塞罗那椅是现代风格空间中经常出现的家具。

（1）直线条家具

简约风格在家具的选择上延续了空间的直线条，造型简洁、单纯、明快，通常都比较简练；沙发、床、桌子等多采用直线，低矮、棱角分明，没有过多的曲线造型；横平竖直的家具不会占用过多的空间面积，令空间看起来干净、利落，同时也十分实用。

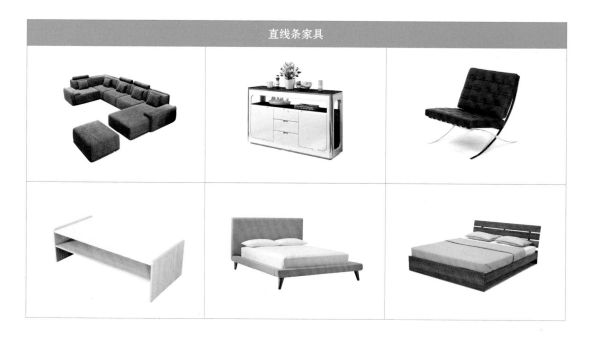

直线条家具

（2）实用型多功能家具

简约风格强调家具的功能性，多功能的、实用性高的家具比较受青睐，此类家具体积通常较小，既不会占用过多空间，又可以将物品藏起来，令整体空间显得更加整洁。常见的家具带有收纳功能的电视柜、茶几、睡床及沙发床等。

实用型多功能家具

7. 简约风格常见装饰品

　　由于简约家居风格的线条简单、装饰元素少，因此软装到位是简约风格家居装饰的关键。配饰选择应尽量简约，没有必要为了显得"阔绰"而放置一些较大体积的物品，尽量以实用方便为主；此外，简约家居中的陈列品设置应尽量突出个性和美感。

（1）无框画 / 抽象画

　　抽象画具有强烈的形式构成，较符合现代风格的特点。在现代风格室内悬挂或摆放几幅抽象艺术画，不仅可以提升空间品位，还可以达到释放整体空间感的效果。沙发背景墙、卧室背景墙、书房、过道侧面均可采用抽象艺术画装饰。

▶ 无框画增强了简约风客厅的简洁感，并增添了艺术气质。

（2）鱼线形吊灯

　　鱼线形吊灯上方为长吊线，下方为简洁造型的灯罩，具有简约风格直白、随性的特点。其外形明朗、简洁，配上简单的灯泡光源，形成了独特的简约美，在凸显现代简约家居风格的同时，还能提升空间的品质感。

（3）纯色地毯

　　简约风格的家居因其追求简洁的特性，因此在地毯的选择上，最好选择纯色地毯，这样就不用担心过于花哨的图案和色彩与整体风格冲突。对于客厅、卧室等经常用到的空间软装来说，纯色的地毯也更加耐看。

▲ 白色的鱼线形吊灯，具有简约美。

▲ 纯色的地毯与纯色沙发组合，更具协调感。

8. 简约风格案例解析

　　极富现代气息的整体建筑外观与简约精致的内装融为一体，本案例所取材料为经典而耐看的乳胶漆、木色地板和浅木色木纹饰面板，配上经典简约的家具及极富线条与通透感的造型设计，使整个空间的格调于无形中彰显气质于简约中散发隽永。

▲简洁的配色搭配直线条为主的造型设计，整个公共区显得宽敞、整洁、明亮又大气。

◀从餐厅的方向看过去，暗灰色的使用非常巧妙，通过高明度差的对比增加了明快的感觉。

▲整个过道墙面均以浅色木纹饰面板作为主材，搭配白色的顶面和偶尔出现的黑色门，通过虚与实的完美结合，使得空间温馨、大气而又不乏节奏感。

▲卧室面积较小，墙面大量的使用白色乳胶漆，来体现宽敞、明亮的感觉，而为了与整体设计相呼应，床选择了木料，衣柜则选择了灰色系。

三、工业风格

1. 工业风格的起源

工业风起源于 19 世纪末的欧洲，就是巴黎地标——埃菲尔铁塔建造出来的年代。很多早期工业风格家具，正是以埃菲尔铁塔为变体。它们的共同特征是金属集合物，还有焊接点、铆钉这些公然暴露在外的结构组件；当然更靠后的设计又融进了更多装饰性的曲线。"二战"后，美国在材料和工艺运用上日趋成熟，塑料、板材、合金等更丰富的材料越来越多被运用到工业家具设计里。工业风格在美国发扬光大，广泛用于酒吧、工作室、Loft 住宅的装修中。

◀ 灰色的水泥材质，彰显出工业风格的个性和粗犷之美。

2. 工业风格的设计理念

工业风格的居室最好拥有足够开敞和高度的空间，比如 Loft 住宅、老房子、餐厅，或者直接由工厂或仓库改造而成（类似于北京的798 艺术中心或上海的石库门）。

材料多运用工业材料，如金属、砖头、清水墙、裸露的灯泡，适当暴露点建筑结构和管道，墙面有些自然的凹凸痕迹最好。

▶ 红砖、水泥等材料，是工业风格中非常常见的材料，可表现出其原始感。

3. 工业风格的色彩设计

工业风格在色彩挑选方面，一定要突显出其颓废与原始工业化，大多采用水泥灰、红砖色、原木色等作为主体色彩，在增添些亮色配饰，为空间添加柔美感。如果想令空间更加个性，可以选择黑白灰与红砖色调配，混搭交织可以创造出更多的层次变化，添加房间的时尚个性。

（1）无色系

工业风配色设计中比较能够展现风格特点的配色之一就是无色系的运用，在此种基调之上又会适当地加入如木色、棕色、朱红、砖红等色彩中的一种或几种，展现怀旧气息。

无色系		
无色系组合	◎ 黑白灰色系十分适合工业风，黑色神秘冷酷，白色优雅轻盈，灰色细腻，将它们混搭交错可以创造出更多层次的变化 ◎ 在搭配室内装潢与家具的颜色时候，选用纯粹的黑白灰色系，可以让室内更有工业风的感觉	
无色系 + 棕色 / 朱红	◎ 皮革制品是工业风的代表元素之一，常用在家具上，例如皮革和铆钉结合的沙发 ◎ 皮革通常为棕色系或朱红色，所以此种配色在工业风家居中也非常常见	
无色系 + 木色	◎ 做旧处理的木质品是工业风的另一个代表元素，会用在家具以及地面上，所以无色系组合木色的配色方式，使用频率也非常高	
无色系 + 棕色 + 其他彩色	◎ 仍然是以无色系中的两种或三种做组合为基调，地面或家具会使用棕色 ◎ 其他类型的彩色如蓝色、绿色等，可用在部分墙面上，也可作为点缀色或辅助色使用	

（2）砖红色

红砖是工业风格的一个具有显著特点的代表元素，它主要出现在墙面上，裸露全部或部分本色，所以砖红色是工业风格家居配色设计中出现频率很高的一种色彩。因为砖墙最长与水泥搭配，所以砖红色常与水泥灰组合。

砖红色		
砖红色 + 无色系	◎ 以灰色的水泥墙奠定工业风古旧的基调，搭配部分砖红色，老旧却摩登感十足 ◎ 白色或黑色通常会作为辅助色使用，例如用在顶面、部分墙面或家具上	
砖红色 + 棕色 + 无色系	◎ 在上一种配色的基础上加入一些棕色做调节，让层次感更丰富一些 ◎ 棕色通常会用在家具及小件软装饰上，例如工艺摆件	
砖红色 + 无色系 + 少数彩色	◎ 在砖红色和无色系的基调中，可以适当地使用一些彩色来中和灰色、砖红色的工业感，令空间更温馨，这些彩色通常会用在软装部分，有时也会装饰墙面或家具	
砖红色 + 无色系 + 多彩色	◎ 基调的组成与一种配色方式相同，不同的是组合中彩色的数量有所增加，会显得更活泼一些	

4. 造型、图案在工业风格中的体现

工业风格是时下很多追求个性与自由的年轻人的最爱，这种风格本身所散发出粗犷、神秘、机械感十足的特质，让人为之着迷。工业风格的造型和图案也打破传统的形式，扭曲或不规则线条，斑马纹、豹纹或其他夸张怪诞的图案广泛运用，用来凸显工业气质。

（1）直线或几何造型

工业风的室内，常将简洁的几何形体，点、线、面，直、曲、折弯等数字造型模式，经过多种组合运用到设计之中，体现一种强烈的理性和象征，迎合了现代人追求强烈个性的心理。

◀ 空间内的隔断采用了几何造型，具有强烈的理性感。

（2）美式风格图案

工业风真正兴起于美国，所以带有一些美式特征，图案设计上也延续了这种特征，会使用一些旧式的美式风格图案做装饰。这些图案通常用在布艺上，包括交通工具、米字旗等，材质上通常会带有做旧色彩，以符合工业风特征。

◀ 一张米字旗图案的沙发，赋予空间浓郁的复古气质。

5. 工业风格中材料的运用

工业风格的空间多保留原有建筑材料的部分容貌，比如墙面不加任何装饰，把原始的墙砖或水泥墙面裸露出来，在天花板上基本不用吊顶材料设计，把金属管道或者水管等直接裸露出来刷上统一的漆，加上做旧的金属制品和皮件的运用。令空间兼具奔放与精致，阳刚与阴柔，原始与工业化。

（1）裸露的砖墙

多数风格中，都会用墙漆把墙壁上的砖块覆盖掉，刷上光洁或者其他色彩的面漆。而工业风家装不同，在装修时大量的裸露撞墙，给人一种别致的层次感。用油漆或者白灰在墙上简单的涂刷，粗糙的质感给人一种粗狂的感觉。

▲砖块与砖块中的缝隙可以呈现有别于一般墙面的光影层次，能带给室内一种老旧却又摩登的视觉效果。

（2）原始水泥墙

比起砖墙的复古感，原始的水泥墙更具一分沉静与现代感；处于由水泥建构起来的空间内，整个人不由得放慢脚步，慢慢呼吸清爽的空气，享受室内的静谧与美好。

◀ 粗犷的水泥墙面，
展现出古朴与大气
之感。

（3）金属与旧木

　　金属是一种强韧又耐久的材料，从工业革命开始以后人类的生活中就不断出现金属制的生活用品。不过金属风格过为冷调，可将金属与旧木做混搭，既能保留家中温度又不失粗犷感。

◀ 黑色金属和做旧木质的结合，使空间极具艺术格调。

（4）磨旧感的皮革

　　皮革也能在工业风格的家具内大放异彩，人类使用皮革的历史十分久远，现在不管是欧美还是亚洲地区，都有许多各具特色的老牌皮匠工艺。而工业风格搭配关键在于皮质的颜色与材质，务必选择带有磨旧感与经典色的皮革。活用这项经典工艺作为家具的一部分，能让生活空间更有复古的韵味。

▲磨旧感与经典色的皮革家具，强化了工业风室内的复古韵味。

6. 工业风格家具的类别及特征

工业风除了在材料选用上极具特色，软装家具也非常有特点。工业风格家具可以让人联想到上世纪的工厂车间，一些水管风格家具、做旧的木家具、铁质架子、tolix 金属椅等非常常见，这些古朴的家具让工业风格从细节上彰显粗犷、个性的格调。

（1）水管风格家具

工业风格的顶面会适当地露出金属管线和水管，为了搭配这一元素，出现了很多以金属水管为结构制成的家具，如同为了工业风格独家打造。如果家中已经完成所有装潢，无法把墙面打掉露出管线，水管风格的家具会是不错的替代方案。

水管风格家具

（2）金属家具

工业风室内，最常见的就是各类金属家具，全金属家具通常会涂刷上各种彩色油漆，与水泥墙或砖墙组合可增强设计的张力；金属作为框架的家具，常会搭配做旧的木头或皮革，如许多金属制的桌椅会用木板来作为桌面或者是椅面，或者皮革沙发面搭配金属脚或用金属包边等。

金属家具

7. 工业风格常见装饰品

工业风不刻意隐藏各种水电管线，而是透过位置的安排以及颜色的配合，将它化为室内的视觉元素之一。而各种水管造型的装饰，如水管造型的摆件，同样最能体现风格特征。另外，曾经身边的陈旧物品，如旧皮箱、旧风扇等，可以增强复古感。羊头、油画、木版画等细节装饰，则是工业风细节装饰的亮点。

（1）自行车装饰

老式的自行车是工业时代的普遍交通工具，将其挂在红色的砖墙上或铁管制成的构件之上，具有怀旧的情怀，对工业风格的室内来说，有着特殊的纪念意义。

▶将自行车悬挂在电视机上面，形成了极具特点的电视墙，极具怀旧感和趣味性。

（2）旧皮箱

旧皮箱是最能展现老旧工业感的装饰品，带着斑驳的历史痕迹，搭配或鲜艳或复古的色调，可以令工业风格空间更具年代感。旧皮箱不仅可作为装饰品使用，还可作为茶几。

（3）旧电风扇、留声机及车牌

复古的电风扇、留声机或车牌等十分具有年代感，摆放在家具、地面或悬挂在墙面上，可彰显出浓郁的文艺气息，为粗犷的工业风格室内增添一些情趣。

▲用具有复古感的旧皮箱做装饰，更具年代感。

▲将斑驳的旧车牌作为装饰挂在墙上，很有文艺气息。

8. 工业风格案例解析

　　本案例属于小面积的户型，因此顶面和部分墙面采用了白色，搭配黑色、棕色、砖红色等色彩，既具有工业风配色特点又能给人宽敞感。因为面积不大，浊色调及暗色调的色彩较多时容易显得单调，因此搭配了一些彩色来活跃氛围。

▲ 作为空间重点的电视墙，使用砖纹文化石做装饰，凸显工业风格怀旧、复古又粗犷的特点。

▲ 餐厅中的墙面以水泥灰为主，搭配木质门和做旧皮质家具，与客厅的怀旧感相呼应。

▲过道部分的设计较为简单，作为一个过渡区域，色彩一部分延续客厅，一部分延续餐厅，实现了完美的承接和过渡。最具特点的是悬吊式推拉门的设计，非常具有工厂的感觉。

▲书房的设计较为朴素，为了与空间的使用功能相符，墙面选择了浅灰色的壁纸，搭配木质和铁艺结合的家具，素雅而又不乏工业风特征。

四、北欧风格

1. 北欧风格的起源

　　北欧设计学派主要是指欧洲北部四国挪威、丹麦、瑞典、芬兰的室内与家具设计风格。在 20 世纪 20 年代，大众服务的设计主旨决定了北欧风格设计风靡世界。北欧风格将德国的崇尚实用功能理念和其本土的传统工艺相结合，富有人情味的设计使得它享誉国际。它逐步形成系统独特的风格于 40 年代。北欧设计的典型特征是崇尚自然、尊重传统工艺技术。

▶ 北欧风格起源于斯堪的纳维亚地区的设计风格，因此也被称为"斯堪的纳维亚风格"。

▲北欧设计的典型特征是崇尚自然、尊重传统工艺技术。

2. 北欧风格的设计理念

（1）简洁、通透的室内设计

　　北欧属于高纬度地区，冬季漫长且缺少阳光的照射，所以在室内空间设计上，最大限度地将阳光引进室内。室内空间的格局没有过多的转折或拐角，并且色调往往以纯净的色彩为主，如白色墙面的大量运用，有利于光线反射，使房间显得更加宽敞、明亮。

▲室内的顶、墙、地三个面，完全很少使用纹样和图案装饰，只用线条、色块来区分点缀，以突显简洁感和通透感。

（2）以人为本、崇尚自然

　　北欧设计既注重设计的实用功能，又强调设计中的人文因素，同时避免过于刻板的几何造型或者过分装饰，恰当运用自然材料并突出自身特点，开创一种富有"人情味"的现代设计美学。在北欧设计中，崇尚自然的观念比较突出，从室内空间设计以及家具的选择，北欧风格十分注重对本地自然材料的运用。

◀北欧风格设计在貌似不经意的搭配之下，一切又如浑然天成般光彩夺目，且极具人情味。

3. 北欧风格的色彩设计

北欧风格的家居配色浅淡、洁净、清爽，给人一种视觉上的放松。背景色大多为无彩色，也会出现浊色调的蓝色、淡山茱萸粉等，点缀色的明度稍有提升，像明亮的黄色、绿色都是很好的调剂色彩。此外，北欧风格还会用到大量的木色来提升自然感，以及利用黄铜色的装饰来体现精致与时尚。

（1）无色系为主

黑、白、灰为主色，三种色彩至少出现两种。其中白色最能表现简洁感，黑色、银色、灰色能展现明快与冷调。

无色系为主		
白色 + 黑色	◎ 白色搭配黑色能够将北欧风格极简的特点发挥到极致 ◎ 通常是以白色做大面积布置，黑色做点缀，若觉得单调或对比过强，可以加入木质家具或地板做调节	
白色 + 灰色	◎ 与白色搭配黑色相比，白色与灰色的组合，体现北欧特点同时仍然具有简约感，但对比感有所减弱，整体呈现素雅感 ◎ 灰色具有不同明度的变化，能够体现出细腻、柔和的感觉	
黑、白、灰组合	◎ 白色、灰色、黑色组合，三种色彩实现了明度的递减，层次较前两种配色方式更丰富 ◎ 这是最体现北欧极简主义的一种配色方式，大部分情况下是以白色为主色，灰色辅助，黑色做点缀	
黑、白、灰 + 木色	◎ 木类材料是北欧风格的灵魂，淡淡的原木色最常以木质家具或者家具边框呈现出来 ◎ 多与白色或灰色组合，是非常具有北欧特点的一种配色搭配方式	

（2）淡色调、浊色调彩色

　　除了无色系为主的配色方式外，北欧风格中还会使用一些彩色，但作为主色的彩色均比较柔和，多为浊色调或淡浊色调，如具有柔和感和纯净感的浅蓝色、果绿色、柔粉色、米色等。高彩度的纯色比较少使用，即使出现，也是作为点缀色。

淡色调、浊色调彩色		
蓝色或青色	◎ 在黑、白、灰的基调下，有的时候会觉得有些单调，就会加入一些彩色进行调节，蓝色或青色属于冷色系中较为常用的两种，通常会做软装主色或点缀色，能够营造出具有清新感和柔和感的氛围	
绿色系	◎ 北欧风格中使用的绿色多为柔和的色调，例如果绿、薄荷绿、草绿等，与白色搭配或原木色、棕色搭配，具有舒畅感，绿色也常依托于木材料涂装绿漆的形式表现出来	
粉色系	◎ 粉色一般为微浊色调，最具代表性的是茱萸粉 ◎ 以粉色为主色，能够体现出唯美的气氛，且具备女性特征，适合文艺气质的女生	
黄色系	◎ 黄色是北欧风格中可以适当使用的最明亮暖色，与白色或灰色搭配最适宜，可以用在抱枕上，也可以用在座椅上	

4. 造型、图案在北欧风格中的体现

北欧风格在家居装修方面，室内空间大多横平竖直，基本不做造型，体现风格的利落、干脆。但有些家具的线条则较为柔和，会出现流线型的座椅、单人沙发等，彰显北欧风格的人性化特征；灯具造型一般不会过于花哨，图案则主要体现在布艺或装饰画上，多以几何造型或自然事物为主。

（1）重复结构的几何图案

以某一种几何元素为基础，采用重复性结构使其有规律的反复出现组成的图案，是北欧风格中最常使用的类型。常见的元素包括有三角形、箭头、棋格、菱形等，通常会搭配块面式配色进行设计组合，会使用在墙面及布艺等部位。

▲靠枕（左图）及装饰画（右图）上以几何元素为基础的重复性图案，彰显出北欧风格简洁的特征。

（2）植物或动物元素图案

北欧风格虽然简约，但同时又带有一些自然气息，这是由于北欧国家的地域特征决定的。因此，各类阔叶植物图案、麋鹿图案、火烈鸟图案等也经常被用在北欧家居中，此类图案常用在装饰画或布艺上。

▲选择植物或动物图案来装饰北欧空间，可以很好地表现出风格的自然特征。

（3）字母或卡通图案

以字母元素制成的图案同样具有简洁感，且蕴含文艺气质，配以纯净的底色，具有北欧风格的特征；充满趣味性的、较为简洁的卡通图案，很适合活跃氛围，也可用于北欧空间中。

◄ 字母图案和风景画组合使用，具有极强的文艺气质。

5. 北欧风格中材料的运用

　　北欧风格是注重人与自然、社会、与环境的有机的科学的结合，它的身上集中体现了绿色设计、环保设计、可持续发展设计的理念；因此，北欧室内装饰风格常用如木材、石材、玻璃和铁艺等装饰材料，且都无一例外地保留这些材质的原始质感。

（1）木料

　　木材是北欧风格装修的灵魂。为了有利于室内保温，北欧人在进行室内装修时大量使用了隔热性能好的木材。这些木材基本上都使用未经精细加工的原木，保留了木材的原始色彩和质感。北欧风格风靡世界后，这种特点就延续下来，木材、板材等材料，也成为了北欧风格的代表性材料。

▲北欧风格的板材制作家具时，除保留自然纹理外，也可用油漆饰面，来增加多样性。

◀ 带有自然纹理和原始感木地板，具有浓郁的北欧特征。

（2）乳胶漆

北欧风格的最大特点是基本不使用任何纹样和图案来做墙面装饰，想要让墙面来点颜色，就要依靠色彩非常丰富的乳胶漆或涂料来表现，其中，亚光质感的产品，更符合北欧风格的意境。

◀ 乳胶漆多样的色彩，为北欧居室的设计提供了更多的可能性。

（3）玻璃、铁艺

玻璃和铁艺是北欧风格中，除了木料外，较为常见的一类材料。由于墙面基本不做造型，它们主要用在家具上，但使用时无一例外地保留了这些材质的原始质感。

▲ 餐椅保留了原始质感的黑色铁艺框架，体现出了北欧风格的纯洁性。

6. 北欧风格家具的类别及特征

北欧家具一般比较低矮，以板式家具为主，材质上选用桦木、枫木、橡木、松木等不曾精加工的木料，尽量不破坏原本的质感。另外，"以人为本"也是北欧家具设计的精髓。北欧家具不仅追求造型美，更注重从人体结构出发，讲究它的曲线如何在与人体接触时达到完美的结合。

（1）板式原木家具

原木板式家具是北欧风格室内的重要角色，这种使用不同规格的人造板材，再以五金件连接的家具，可以设计出千变万化的款式和造型。另外，其柔和的色彩，细密的天然纹理，将自然气息融入家居空间，展示舒适、清新的原始美。除了纯木质家具外，还经常与金属、布料等结合制作。

板式原木家具

（2）名师设计的家具

北欧的家具设计闻名世界，诸多的设计名家为世人留下了舒适而不失艺术感的家具，如鹈鹕椅、贝壳椅、伊姆斯椅等，它们的设计来源于北欧，因此也具有非常显著的北欧特征，放在空间中可进一步凸显北欧风格的特征。

贝壳椅	伊姆斯椅	鹈鹕椅

7. 北欧风格常见装饰品

北欧风格注重个人品位和个性化格调，饰品不会很多，但很精致。常见简洁的几何造型或各种北欧地区的动物。另外，鲜花、干花、绿植是北欧家居中经常出现的装饰物，不仅融合了北欧家居追求自然的理念，也可以令家居容颜更加清爽。

（1）照片墙

轻松、灵动的身姿可以为北欧家居带来律动感。相框可以采用木质、金属材质，吻合风格特征。画面题材范围广泛，菠萝、绿植、自然景观、几何图形均可，这种图案也适合墙面装饰画中。

▶黑白色的摄影画图片墙，简洁、素雅，为北欧空间注入了浓郁的艺术感。

（2）网格装饰

在北欧风格的空间中，网格装饰是非常常见的。有黑色、白色、粉色、玫瑰金等各种颜色，造型简洁，不占用空间，可以用照片、绿植、挂饰等进行装饰，具有浓郁的文艺气息，是书房或梳妆台墙面的常见装饰。

（3）绿植

北欧风格室内空间中的自然气息，主要是靠各种绿植来营造的，而很少使用颜色比较丰富的花艺。具有代表性的是琴叶榕、龟背竹等大叶片的绿植或小型盆栽，花器会搭配麻布袋、纯白色无花纹的陶瓷盆或浅木色的编织筐等。

▲小小的网格装饰，实用且具有文艺气息。

▲大型绿植搭配木质休闲椅，具有浓郁的自然气息。

8. 北欧风格案例解析

　　本案例在色彩上运用了北欧风格最适用的白色为主色，再加入低纯度的棕色、蓝色、绿色等来做跳色，令空间干净、通透中不失活力。另外，木材、藤麻、棉布等材质的大量使用，表明了北欧风格对于天然材质的热衷。

▲客厅面积较小，因此选择了北欧风格色彩中较为经典的白色做主色，以突显宽敞、明亮。

◀浅棕色沙发和浅色木地板的使用，增加了低调的活泼感，避免了因白色过多而造成的冷清感。

▲ 餐桌椅为典型的北欧特点家具，使人进门眼前一亮。

▲ 深蓝色墙面搭配木床，简约而清新。

▲ 墙面以白色为主，搭配浅木色家具，简约而温馨。

▲ 厨房无论是色彩设计还是材质的选择，均体现整洁感。

五、中式风格

1. 中式古典风格的起源

中式风格，一般是指明清以来逐步形成的中国传统风格的装修。中式风格家居最能体现主人的较高审美情趣与社会地位，因而长期以来一直深受人们的喜爱。中式古典风格的装饰元素受到两方面的影响，一是中国自古以来严格的封建等级制度严格限定了不同阶层的建筑装饰使用不同的装饰与颜色；二是中国的祥瑞文化、吉祥的图案、纹样、色彩、数字、典故等，影响了中式古典风格的装饰。

▲以对称布局为主的家具和气势恢宏的造型，让中式古典风格彰显雍容华贵感。

2. 中式古典风格的设计理念

中式古典风格是以宫廷建筑为代表的中国古典建筑的室内设计艺术风格，室内多采用对称式的布局方式，格调高雅，造型简朴优美，色彩浓重而成熟。中国传统室内陈设包括字画、匾幅、挂屏、盆景、瓷器、古玩、屏风、博古架等，追求一种修身养性的生活境界。在装饰细节上崇尚自然情趣，花鸟、鱼虫等精雕细琢，富于变化，充分体现出中国传统美学精神。装饰材料以木材为主，图案多龙、凤、龟、狮等，精雕细琢、瑰丽奇巧。

3. 中式古典风格的色彩设计

中式古典风格会较多的使用木材，而木材又多为棕色系，因此，在中式古典风格的居室中，棕色常被用作主色使用，它的运用范围比较广泛，墙面、家具、地面等部位，通常至少两个部位会同时使用棕色系。为了避免棕色面积大而产生过于沉闷的感觉，会加入高明度或高纯度的色彩做调节。

中式古典风格色彩设计		
棕色 + 白色	◎ 棕色搭配白色或棕色搭配明度接近白色的米色 ◎ 两种色彩可以等分运用，营造出古朴又不失明快感的氛围；也可以将棕色作为较大面积的主色，白色作为配色使用	
棕色 + 白色 + 淡米色	◎ 棕色搭配白色和明度接近白色的淡米色 ◎ 此种配色方式比棕色与白色的配色方式，层次感更丰富一些，但整体上仍给人素雅的感觉	
棕色 + 白色 / 米色 + 单一皇家色	◎ 以棕色系为主色，白色或米色做调节色，与纯度略高一些的红色、黄色、蓝色、绿色、紫色等具有皇家特点的彩色组合 ◎ 所使用的皇家色能够减弱大面积棕色带来的厚重感，并增加高贵气质	
棕色 + 白色 / 米色 + 多种皇家色	◎ 组合方式与前一种类似，但皇家色的数量有所增加，至少会使用两种 ◎ 当所使用的皇家色数量增加后，居室内的氛围会变得更活泼一些，华丽感也会有所提升	

4. 造型、图案在中式古典风格中的体现

中式古典风格的造型、图案从中国悠久的历史中得来，能够代表中式古典居家风格的元素很多，如垭口、窗棂、镂空类造型、回字纹、冰裂纹、福禄寿字样、牡丹图案、龙凤图案、祥兽图案等。

（1）垭口

垭口为不安装门的门口，简单说，就是没有门的框。随着人们对居住空间宽敞性和开放性的喜爱与追求，垭口越来越频繁地将门在家中的位置取代，演变出了另一种空间分割的方式。在中式古典风格的家居中，设计一个富有中国特色的垭口，可以提升空间的整体格调。

（2）窗棂

窗棂是中国传统木构建筑的框架结构设计，使窗成为中国传统建筑中最重要的构成要素之一。窗棂上往往雕刻有线槽和各种花纹，构成种类繁多的优美图案。透过窗子，可以看到外面的不同景观，好似镶在框中挂在墙上的一幅画。

▲具有中式传统造型特征的垭口和窗棂，装点出了浓郁的古典情怀。

（3）吉祥寓意的图案

蝙蝠、鹿、鱼、鹊是中式古典风格中较常见的装饰图案，它们具有吉祥的寓意。"蝠"寓有福；"鹿"寓厚禄；"鱼"寓"年年有余"，"鹊"为"喜鹊报喜"。除此之外，梅、兰、竹、菊等图案也较常用，它们也具有隐喻作用，竹寓意人应有"气节"，梅、松寓意人应不畏强暴、不怕困难，菊寓意冷艳清贞；石榴象征多子多孙；鸳鸯象征夫妻恩爱；松鹤表示健康长寿。

▶ 实木装饰柜上，使用了菊花和菊花变形图案，具有清贞的寓意。

（4）镂空类造型

镂空类造型可谓是中式的灵魂，常用的有回字纹、冰裂纹等。中式古典风格的居室中这些元素可谓随处可见，如运用于电视墙、门窗等，也可以设计成屏风或隔断，令居室具有丰富的层次感，也能立刻为居室增添古典韵味。

◀ 冰裂纹的月亮门是空间的点睛之笔，作为隔断使用，彰显中式古典的层次递进之美。

5. 中式古典风格中材料的运用

在中式古典风格的居室中材料大多以重色的实木作为家具或使用实木打造的隔扇、月亮门状的透雕隔断分隔功用空间；墙面以古朴的青砖或中式的壁纸奠定古典韵味，软装搭配亮色系的丝绸来彰显出中式独有的雅致。

（1）木质材料

在中国古典风格的家居中，木材的使用比例非常高，而且多为重色，例如黑胡桃、柚木、沙比利等，为了避免沉闷感，其他部分适合搭配浅色系，如米色、蓝色、绿色、黄色等，以减轻木质的沉闷感，从而使人觉得轻快一些。

◀重色的实木家具搭配精致的瓷器，令书房更具文化气息。

（2）亮色系丝绸

丝绸织物质地优良、花色精美，享有"第二皮肤"的美称。亮色系的丝绸搭配重色系的木材广泛用于中式古典风格的居室中。如用黄色、红色或蓝色丝绸制作的抱枕、坐垫、床上用品等，能提升环境品位。

◀ 黄色、红色系的丝绸令棕色系的实木家具展现出华丽、高贵的一面。

（3）传统图案壁纸

单独使用木质材料装饰墙面不符合现代人的审美观念，且现代住宅即使是高、深的户型与古代房屋也是无法比较的，适当地使用一些带有神兽、祥云、中国画等类型的传统图案壁纸，不仅会让人感觉更舒适，也能够丰富层次，减轻木材料的厚重感。

▲墙面山水图案壁纸的使用，很好的调节了重色材料带来的厚重感。

6. 中式古典风格家具的类别及特征

中式传统家具多选用名贵硬木精制而成，一般分为明式家具和清式家具两大类。明清家具同中国古代其他艺术品一样，不仅具有深厚的历史文化艺术底蕴，而且具有典雅、实用的功能，可以说在中式古典风格中，明清家具是一定要出现的元素。

（1）明式家具

明式家具在造型和工艺上，为世界公认的最高水平。以榫卯构造为主，做工精细，构件断面小，轮廓简练；造型以线形为主，装饰手法多样，常见的有雕、镂、嵌、描等；木材坚硬，纹理优美；效果朴实高雅，刚柔并济；常用主材有花梨木、紫檀木、乌木、铁力木、楠木、黄杨木等。

明式家具

（2）清式家具

清式家具在造型上融合了一些西方家具特点，体量浑厚、宽大，骨架粗壮结实，方直造型多于明式造型；雕饰繁重，装饰上力求富丽、豪华，花纹图案整体较满；款式、用途更多样化，装饰手法更华丽，如珐琅嵌、瓷嵌、彩绘、描金等；常用主材有黄花梨、紫檀、鸡翅木、铁梨木以及榉木等。

清式家具

7. 中式古典风格常见装饰品

中式古典风格在装饰细节上崇尚自然情趣，家具饰品精雕细琢，富于变化，充分体现出中国传统美学精神。在室内的细节装饰方面，较多使用具有中国传统韵味的款式，如仿古宫灯、书法装饰、国画装饰、文房四宝、木雕花壁挂等。

（1）干枝花

中式古典风格的室内，由于多使用木料，所以会显得有些厚重，使用一些具有自然气息的干枝花，放于瓷瓶内，摆放在桌面、茶几或窗台等处，可活跃氛围，并进一步美化环境。干枝花的姿态和色彩均与中式古典风格的内涵相符，花朵可选梅花、桃花等传统花卉。

▶ 干枝花道劲的姿态和粉嫩的花朵，具有中式古典韵味。

（2）木雕花壁挂

木雕花壁挂的雕刻精美，且内容常为中国传统文化的典故或带有吉祥寓意的图案。用在墙面上作为装饰物，可以使空间氛围回归古雅，体现出中国传统家居文化的独特魅力。

▲ 木雕画壁挂可以为室内增添艺术感和古雅韵味。

（3）书法／国画装饰

书法和国画是中华民族的文化瑰宝，不仅可以提高自身修养，还可以用作室内装饰。这种古老的文化艺术，可以将传统的文化墨宝与深厚的历史韵味定格在室内空间中。

▲ 在白墙上悬挂一幅书法作品，可彰显居住者的品位。

8. 中式古典风格案例解析

　　本案例的各空间并不是特别宽敞，因此墙面部分的设计比较简洁，而将体现中式古典风格的重点部分放在了家具上。为了避免过于沉闷而产生压抑感，顶面和墙面以白色和淡米色为主，而家具则选择了具有古典代表性的棕红色实木家具，配以精致的雕花，彰显出了传统装饰的"形"与"神"。

▲电视墙以中国传统水墨画图案的壁纸做装饰，搭配木线条造型，犹如一幅装裱完成的水墨作品，彰显古典神韵的同时，也展现出了居室主人的高雅品味。

◀ 明式家具的体积比较小，摆放在面积较小的客厅内更具和谐感。家具的款式、色彩以及精致雕花图案，均为点睛之笔。

▲餐厅虽然面积不大，但顶和地面均为浅色，而重色放在了墙面和家具部分，通过色调对比使整体显得复古又明快。

▲卧室的设计非常简洁，将彰显风格特征的重点放在了墙面和家具的图案上，大气而不失古典气质。

9. 新中式风格的起源

20 世纪末，随着中国经济的不断复苏，在建筑界涌现出了各种设计理念，随之而起的新中式风格设计也被众多的设计师融入设计理念。新中式风格不是纯粹的元素堆砌，而是通过对传统文化的认识，将现代元素和传统元素结合在一起，以现代人的审美需求来打造富有传统韵味的事物，让传统艺术在当今社会得到合适的体现。

▲ 新中式风格将中式传统元素与现代元素结合，既具有古雅的神韵又具有简洁、实用的特点。

10. 新中式风格的设计理念

新中式风格在设计上继承唐、明、清时期家具理念的精华，在古典元素提炼的基础上加入了现代设计元素，摆脱原来复杂烦琐的设计功能上的不足，力求中式的简洁质朴。同时结合各种前卫的、现代的元素进行设计，令严肃、沉闷的中式古典风格变得更加赏心悦目；局部采用纯中式处理，整体设计比较简洁，选材广泛，搭配时尚，效果比纯中式古典风格更加清爽、休闲，既彰显文化底蕴，又有现代温馨舒适的气息。

11. 新中式风格的色彩设计

新中式风格是对中式古典风格的提炼，将精粹与现代手法结合，色彩设计有两种形式，一是以黑、白、灰色为基调，搭配米色或棕色系作点缀，效果较朴素；另一种是在黑、白、灰基础上以皇家住宅的红、黄、蓝、绿等作为点缀色彩，此种方式对比强烈，效果华美、尊贵。

（1）黑、白、灰组合

此种配色方式灵感来源于苏州园林和京城民宅，以黑、白、灰色为基调，有时会用明度接近黑色的暗棕色代替黑色，或在基色组合中加入一些棕色做调节，无论何种方式，都给人朴素的感觉。

黑、白、灰组合		
黑、白、灰组合	◎ 黑、白、灰三色种的两色或三色组合作为配色主角，源于苏州园林的配色 ◎ 装饰效果朴素、具有悠久的历史感，其中黑色可用暗棕色代替	
白色 / 浅米色 + 黑色 / 灰色	◎ 除黑色外，其他三色均可作为主色使用 ◎ 整体效果朴素而时尚，给人一种黑白分明的畅快感，如果觉得黑白搭配的色调对比强烈，可用米色代替白色，或暗棕色代替黑色	
黑、白、灰 + 棕色	◎ 以黑、白、灰中的两种或三种做组合为基调，与棕色做搭配，朴素而不乏时尚感 ◎ 若以大地色为主色，米色或米黄色辅助，则具有厚重感和古典感色方式，使用频率也非常高	
黑、白、灰 + 棕色 + 其他彩色	◎ 以黑、白、灰中的两种或三种做组合为基调，地面或家具会使用棕色 ◎ 其他类型的彩色如蓝色、绿色等，可用在部分墙面上，也可作为点缀色或辅助色使用	

（2）黑/棕、白、灰+彩色

此类配色方式，是在黑/棕、白、灰两种或三种组合的基础上，再加以中式皇家住宅中常用的红、黄、蓝、绿、紫、青等作为局部色彩的配色方式，棕色也经常会出现在配色组合中，但使用位置或使用面积并不十分突出。

黑/棕、白、灰+彩色		
黑/棕、白、灰 +单彩色	◎ 黑/棕、白、灰三色种的两色或三色组合作为配色主角，搭配皇家色种的一种 ◎ 在朴素的背景色的映衬下，所使用的彩色的特征会显得尤其突出	
黑/棕、白、灰 +近似色	◎ 最长采用的近似色是红色和黄色，它们在中国古代代表着喜庆和尊贵，是具有中式代表性的色彩 ◎ 将两者组合与大地色系或无色系搭配，能够烘托出尊贵的感觉	
黑/棕、白、灰 +对比色	◎ 对比色多为红蓝、黄蓝、红绿对比，与红色、黄色一样，同样取自古典皇家住宅，在主要配色中加入一组对比色，能够活跃空间的氛围 ◎ 这里的彩色明度不宜过高，纯色调、明色调或浊色调均可	
黑/棕、白、灰 +多彩色	◎ 选择彩色中两种以上的色彩与黑/棕、白、灰等色彩组合，是新中式配色中最具动感的一种 ◎ 色调可淡雅、鲜艳也可浓郁，但这些色彩之间最好拉开色调差	

12. 造型、图案在新中式风格中的体现

新中式风格在造型、图案的设计上以内敛沉稳的中国元素为出发点，展现出既能体现中国传统神韵，又具备现代感的新设计、新理念。室内空间的装饰多采用简洁、硬朗的直线条。搭配梅兰竹菊、花鸟图等彰显文雅气息。

（1）简洁硬朗的直线条

在新中式风格的居室中，简洁硬朗的直线条被广泛地运用，不仅体现出现代人追求简单生活的居住，更迎合了新中式家居追求内敛、质朴的设计风格，使"新中式"更加实用、更富现代感。

◀ 直线条为主的造型和家具，彰显出新中式风格简洁、内敛的特点。

（2）花鸟图案

此类图案来源于大自然中的花、鸟、虫、鱼等，在新中式的家居空间中使用频率较高，主要用在墙面、装饰画以及布艺等部位，此类图案可以将中式的神韵展现得淋漓尽致。

◀ 花鸟图案的玻璃隔断，既复古又时尚。

13. 新中式风格中材料的运用

新中式风格的主材往往取材于自然，如用来代替木材的装饰面板、石材等，尤其是装饰面板，最能够表现出浑厚的韵味。但也不必拘泥，只要熟知材料的特点，就能够在适当的地方用适当的材料，即使是玻璃、金属、中式花纹布艺等，一样可以展现新中式风格的韵味。

（1）纹理清晰的石材

新中式风格与中式古典风格不同，因其结合式的特点，在中式古典风格中很少应用的石材却可以应用在此。新中式家居中的石材选择没有什么限制，各种花色均可以使用，浅色温馨气一些，深色则古典韵味浓郁。但最好纹理清晰，与实木线条搭配，能彰显古典韵味。

▲ 纹理清晰的石材，充分展现出新中式风格的现代特点，并为室内空间增添时尚感。

（2）新中式壁纸

新中式风格的壁纸具有清淡优雅之风，多带有花鸟、梅兰竹菊、山水、祥云、回纹、书法或古代侍女等中式图案，色彩淡雅、柔和，一般比较简单，不具烦琐之感。

◀ 利用定制的新中式壁纸，以最简单的造型手法，即可完成背景墙的设计。

（3）浅色乳胶漆或涂料

　　使用一些浅色乳胶漆或涂料来涂刷墙面，例如白色、淡黄色、米色等，搭配木质造型或壁纸，能够形成比较明快的节奏感，体现出新中式风格中留白的意境。

▶使用白色的乳胶漆装饰顶面和墙面，使空间具有非常通透的感觉和留白的意境。

（4）装饰面板 / 实木线条

　　造型简洁的木饰面、运用到吊顶与墙面的实木线条、实木边框的装饰画等，其统一的特点是，新中式风格所用的实木一般不用雕刻复杂花纹，而是以展现线条美为主题，与浅色的墙面形成鲜明的对比，增强空间的纵深感。

▲使用米黄色的面板装饰背景墙，为新中式空间增添了一些温馨感和轻松感。

14. 新中式风格家具的类别及特征

　　新中式的家居风格中，庄重繁复的明清家具的使用率减少，取而代之的是线条简单的新中式家具，并且融入现代化元素，使得家具线条更加圆润流畅。体现了新中式风格既遵循着传统美感，又加入了现代生活简洁的理念。新中式家具以文化的韵味、混搭的材质、人性化的功能和设计，成为三代同堂家庭的共同选择。

（1）木质家具

　　新中式风格的木质家具主要有三种类型，第一种全实木制作的款式，保留了部分榫式结构，更多的采用钉接、胶接等方式；第二种是以直线条为主的较为简洁的板式家具或板木结合的家具；第三种是木质与其他材质组合的款式，如木料组合金属、木料组合藤材等。

（2）布艺家具

　　新中式家具中的布艺，多用在沙发和座椅等类型的家具上，此类家具与传统中式家具相比来说，结构更实用、舒适，改变了传统过分横平竖直的家具线条，融入了科学的人体工学设计，使之更符合现代人的生活习惯。

15. 新中式风格常见装饰品

新中式风格的工艺品是将古典元素与现代工艺结合的成果，材料不再限制于陶瓷、实木、石材和藤竹，也会使用玻璃、金属等现代材质。整体上具有中式神韵，如新中式烛台、孤灯、将军罐、鸟笼及装饰镜等。色彩的设计更丰富，除了沉稳的木色外，黑、白、灰和各种彩色也很常见。

（1）水墨抽象画

与古典中式风格相同的是，古典风格的国画、书法作品等，也适合用在新中式风格的家居中，能够增加古典气氛，表现主人高雅品味，除此之外，一些带有创意性的水墨抽象画也可以表现新中式的传统意境，黑白或彩色均可。

▶以抽象水墨画装饰背景墙，简洁而又具有浓郁的艺术感，且符合新中式风格的设计理念。

（2）中式韵味陶瓷摆件

摆件虽小，却可以称为空间的点睛之笔，如果家具等大件装饰的中式元素不够显著，加入一些具有典型中式韵味的陶瓷摆件，例如青花瓷瓶、花鸟图案瓷瓶等，就可以让新中式的特征更凸显出来。

（3）东方风格花艺或盆景

东方风格的花艺重视线条与造型的灵动美感，崇尚自然，以优雅见长，能够为新中式住宅增添灵动的美感。而盆景则是中国独有的一大特色，其造型和色彩与新中式风格的内涵相符，可增添艺术感。

▲将中式韵味的瓷瓶放在茶几上，可为空间增加亮点。

▲盆景遒劲的姿态，具有独特的美感和古朴气质。

16. 新中式风格案例解析

本案例以无色系、棕色组合较为浓郁的彩色为配色方式，因为空间比较宽敞，所以墙面选择了明度略低于白色的灰色系，彰显大气感的同时更具细腻感。图案设计方面选择以现代的抽象手法来表现古典元素的神韵，简洁而又充分体现出了中国传统美学精神。

◀ 客厅家具以无色系搭配蓝色为主，点缀以跳跃性彩色的靠枕，符合现代人的审美习惯。

◀ 以一块具有水墨画特点的石材作为电视墙，凸显艺术感和简洁感。

▲餐厅的配色设计较为朴素，以无色系材质搭配棕色木质材料为主，搭配具有层次感的灯光设计，彰显大气感。

▲卧室完美体现了现代中式风格传统和现代相融合的特点，家具的设计极其华丽，用金线描花，搭配红白结合的床品，十分华丽，而界面的造型则更简洁，以直线条为主，体现现代感。

六、日式风格

1. 日式风格的起源

　　日式风格又称和式风格，起源于中国唐代。日本学习并接受了中国初唐低矮案的生活方式，一直保留至今，并形成独特完整的体制。日本明治维新以后，西洋家具伴随西洋建筑和装饰工艺强势登陆日本，对传统日式家具形成巨大冲击，但传统日式家具并没有因此消失，而是产生了现代日式家具。因此，在现代日式风格中，"和洋并用"的生活方式被大多数人所接受，全西式或全和式都很少见。

▶ 日式风格的家具都较为低矮，具有显著的特点。

▲ 现代日式空间，追求宽敞感和通透感，营造一种舒适、自然的气氛。

2. 日式风格的设计理念

（1）流动的空间形态

日式风格直接受日本和式建筑影响，讲究空间的流动与分隔，流动则为一室，分隔则分几个功能空间，空间中总能让人静静地思考，禅意无穷。

▲极强的流动性，是日式风格空间的一个显著特点，无论是视觉上还是使用上都非常舒适。

（2）摒弃繁复的设计手法

现代日式风格运用几何学形态要素以及单纯的线面和面的交错排列处理，尽量排除多余痕迹，采用取消装饰细部处理的抑制手法来体现空间本质，并使空间具有简洁明快的时代感。

（3）力求与自然景色相融

日式风格在进行室内设计时，力求与大自然融为一体，借用外在自然景色，为室内带来生机，选用材料也特别注重自然质感，以便与大自然亲切交流，其乐融融。

▲日式空间的设计，总是具有简洁、明快的感觉。

▲大面积的落地窗，可以很大程度地引入自然景色。

3. 日式风格的色彩设计

　　日式风格在色彩上不讲究斑斓美丽，通常以素雅为主，淡雅、自然的颜色常做为空间主色。在配色时通常表现出自然感，因此树木、棉麻等本身自带的色彩，在日式风格中体现较为明显。另外，由于日本传统美学对原始形态十分推崇，因此在日式家居中不假雕琢的原木色是一定要出现的色彩，可以令家居环境更显干净、明亮，同时形成一种怀旧、怀乡、回归自然的空间情怀。

日式风格色彩设计		
木色 + 白色 / 米黄色	◎ 木色可大量运用在家具、门窗、吊顶之中，同时用白色作搭配，可以使空间显得更干净 ◎ 若喜欢更加柔和的氛围，可将白色全部或部分更换为米黄色	
木色 + 无色系	◎ 使用白色作为吊顶和墙面配色，再用灰色作为地面配色，可营造出朴素而不乏细腻感的装饰效果 ◎ 木色常作为家具、木搁架的色彩，黑色则可以少量点缀在布艺装饰中，丰富配色层次	
木色 + 白色 + 黄绿色 / 蓝色	◎ 浊色调的黄绿色柔和中又带有生机，与木色属于类似型配色，用其与白色和木色搭配，可强化日式的自然感 ◎ 在白色和木色塑造的空间中，加入浊色调蓝色点缀，可以提升空间的通透感	

4. 造型、图案在日式风格中的体现

日式风格家居给人的视觉感十分清晰、利落，无论空间造型，还是家具，大多为横平竖直的直线条，很少采用带有曲度的线条。图案方面，常见樱花、浅淡水墨画等用于墙面装饰，十分具有日式特色。而在布艺中，则常见日式和风花纹，令家居环境体现出唯美意境。

（1）直线条造型

日式风格追求简洁、自然的感觉，室内的造型设计多以直线条为主，以凸显其风格特征，如最具代表性的格子造型推拉门，就是横线与竖线的组合。

◀ 直线条为主的柜子和推拉门，搭配原木材质，自然而又具有禅意。

（2）日式传统图案

此类图案具有浓郁的日式民族特征，看到图案的第一眼就能够联想到日式风格，包括：樱花、海浪、团扇、浮世绘、日本歌舞伎、鲤鱼和仙鹤图案等，此类图案大多的构成比较复杂，但却具有很强烈的装饰效果，使用时需注意面积的控制。

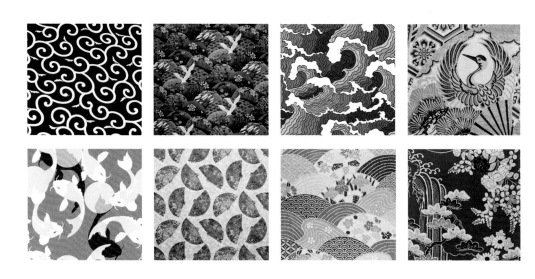

5. 日式风格中材料的运用

日式风格注重与大自然相融合，所用的装修建材也多为自然界的原材料，如木质、竹质、纸质、藤制等被广泛应用。

（1）木质材料

木材在日式风格中十分常见，既表现在硬装方面，也表现在软装方面。硬装常见大面积的木饰面背景墙，塑造出天然、质朴的空间印象。软装方面，成套的木质家具，以及订制的装饰柜常作为空间的主角色以及配角色；另外，木质建材还会出现在灯具的外框架上。

▲日式空间中，木质建材大量用于墙面、地面及家具之中，以表现自然韵味。

（2）和纸

和风纸质灯具可以很好的透出光线温和的暖光，体现出悠悠禅意。另外，日本障子纸是日式风格中门窗中的常见材料，障子门、障子窗既有实用功能，又能充分体现出日式风格的侘寂、清幽之感。

◀ 用和纸来制作推拉门，彰显浓郁的日式特点。

（3）草编藤类

草编藤类在日式风格中，常表现在榻榻米之中，也会作为吊顶的装饰材料，体现一种回归原始自然感。另外，蒲团作为日式风格中的标志性元素，也体现出藤类在日式风格中的广泛运用。

▶ 室内的榻榻米和窗帘均为草编藤类建材，具有很强的自然感，使人感到轻松、愉悦。

（4）竹质材料

竹质材料会作为灯具的外装饰，体现出天然质感；也可以直接将竹节作为墙面装饰，体现创意的同时，也不失自然感。

▲ 用竹子制作灯具，与原木色家具组合，具有自然天趣。

6. 日式风格家具的类别及特征

日式家具低矮且体量不大，布置时的运用数量也较为节制，力求原始空间的宽敞、明亮感。另外，带有日式风格的家具，如榻榻米、日式茶桌等，大多材质自然、工艺精良，体现出一种对于品质的高度追求。

（1）日式传统家具

传统的日式家具以清新自然、明快简洁，形成了独特风格，将其摆放在现代空间中，可以非常简单营造出闲适、悠然自得的环境氛围。较为典型的代表为榻榻米、茶桌及榻榻米座椅等，具有显著的和式民族特色。

（2）原木色家具

现代日式空间中，多使用具有简洁线条的原木色家具进行装饰。此类家具秉承日本传统美学中对原始形态的推崇，原封不动地表露木材质地面，加以精密的打磨，表现出素材的独特肌理，使城市中人潜在的怀旧、怀乡、回归自然的情感得到慰藉。

7. 日式风格常见装饰品

日式风格家居中的装饰品同样遵循以简化繁的手法，求精不求多。利用独有风格特征的工艺品，来表达其风格本身特有的韵味。装饰品一般来源于两个方向，一种是典型的日式装饰，如招财猫、和风锦鲤装饰、和服人偶工艺品、浮世绘装饰画等；另一种为体现日式风格侘寂情调的装饰，如清水烧茶具、枯木装饰等。

（1）枯枝 / 枯木装饰

此类装饰时取材天然的装饰物，吻合日式风格追求自然的特性，带有侘寂情愫，幼拙、简素、野趣，与日式风格大量原木色设计形成色彩上的协调性。

▶枯木装饰的沧桑感和自然感，为室内增添了艺术感和朴拙的意趣。

（2）浮世绘装饰画

题材丰富，包括美人绘、役者绘，风景、花鸟、历史等素材。可以凸显日式风格的民族性，也能起到丰富空间配色的作用，可以整幅悬挂，也可以选择 2~3 幅组合悬挂。

（3）东方花艺

东方式插花崇尚自然，讲究优美的线条和自然的姿态，其构图布局高低错落，作品清雅流畅，与日式风格的意境相符，在空间中点缀一二，可起到画龙点睛的作用。

▲一幅浮世绘装饰画，彰显浓郁的日式风情。

▲东方花艺的姿态，表现出日式风格的简洁感。

8. 日式风格案例解析

　　现代日式风格不再具体的体现在榻榻米、和式门等过于具体的设计上，而展现的是一种禅意。本案例大量的运用木质材料来展现出了日式风格对原始形态的推崇；色彩设计以浅木色搭配白色做主色，中间加入灰色做调节，非常素雅。

◀ 客厅中顶面和墙面大量使用白色来凸显宽敞、通透的感觉，电视墙以浅木色为主，展现日式特征，为了调节层次并凸显禅意，主沙发选择了灰色系。

▼ 餐厅中更多的使用了浅木色，展现出了干净、朴素的韵味。图案设计与造型相结合，采用了具有和式门造型特征的门，与配色组合，来彰显日式特点。

▲用藤帘做软隔断，彰显通透感的同时，增添了自然气息。

▲利用窄小的空间做成榻榻米，即可进一步表现日式特点，又具有休闲作用。

▶ 卧室中墙面大量的使用白色，木色集中在地面以及家具上，整体设计整洁而不乏温馨感。

◀卫浴间内使用木纹砖进行装饰，与公共区的木材相呼应，搭配白色洁具，整洁却不乏温馨感。

七、东南亚风格

1. 东南亚风格的起源

　　东南亚风格源于东南亚当地文化及民族特色，并结合现代人的设计审美而形成的一种装修风格。东南亚风格讲究自然性、民族性，同时讲究自然与人的和谐统一，静宜而精致，并融合了当地佛教文化，具有禅意韵味。

▲ 东南亚风格的室内空间中，常将雨林或寺庙等元素结合运用其中。

2. 东南亚风格的设计理念

（1）取材自然

东南亚风格取材天然，讲求自然、环保的设计理念。无论硬装，还是软装均遵循这一特征。会在顶面做大量木质脚线，家具基本上以原木色为主。另外，一些工艺品、灯具多以藤条、木皮之类的材料制作，充满自然气息。

▶ 自然类的材质，在东南亚风格的居室内，随处可见。

（2）浓郁的色彩搭配

东南亚风格讲求利用浓郁的色彩体现异域风情，尤其表现在布艺装饰之中。即使空间色彩以原木色为主，也会在沙发、睡床等处摆放色彩斑斓的泰丝抱枕来制造绚丽的色彩印象。

（3）渗透于细微之处的绿化设计

东南亚风格的绿化是亮点之一，室内的绿化植物一般以大株热带或亚热带植物为主。需要注意的是，所挑选的绿植种类要符合当地天气，有条件的甚至可以在室内做一个小型植物园，但要做好防虫、防蚊处理。

▲ 在空间面积允许的情况下，东南亚风格的室内空间中，可以摆放一些大型的植物，以突显其雨林特色。

3. 东南亚风格的色彩设计

东南亚家居风格崇尚自然，色泽上也多为来源于木材和泥土的褐色系，体现自然、古朴、厚重的氛围，在室内空间中此类色彩必不可少。另外，东南亚地处热带气候闷热潮湿，在家居装饰上常用夸张艳丽的色彩冲破视觉的沉闷，常见神秘、跳跃的源自于大自然的色彩。

（1）大地色系

东南亚风格中的自然类的材料多使用本色，因此大地色系的使用频率非常高。做此种配色时，可将各种家具包括饰品的颜色控制在棕色或咖啡色系范围内，再用白色或米黄色全面调和。

大地色系		
大地色＋白色＋米色	◎ 此种配色方式中，白色、米色组合起来和大地色的比例相差不多 ◎ 是最具有素雅感的东南亚风格配色，它传达的是简单的生活方式和禅意	
大地色＋米色／白色	◎ 用大地色和米色或白色组合，可以大地色为主色，也以米色或白色为主色，为了避免色相上的单调感，可少量点缀其他色彩做调节	
大地色＋白色＋绿色	◎ 用绿色搭配大地色，是具有看到树木般亲切感的配色方式，东南亚风格中的此种配色当中，通常是用大地色做主色的，绿色和大地色之间的明度对比宜柔和一些	

（2）浓郁或艳丽的彩色

此类的东南亚风格色彩组合方式中，仍然离不开大地色的基调，浓郁或艳丽的彩色通常是用泰丝材质的布艺来呈现的，而后搭配黄铜、青铜类的饰品以及藤、木等材料的家具，是东南亚风格中具有代表性的配色方式。

浓郁或艳丽的彩色	
大地色 + 冷色	◎ 以大地色系做主色，冷色做部分背景色、配色或点缀色 ◎ 冷色使用的多为浓色调，常用的为孔雀蓝、青色、宝蓝色等，能够强化东南亚风格的异域风情，并增添一些清新的感觉
大地色 + 紫色	◎ 以大地色为基调，搭配紫色，具有神秘而浪漫的感觉，展现一种具有神秘感的异域风情 ◎ 在东南亚风格中紫色多搭配泰丝或者布艺来表现，不同角度有不同的色泽变换，也可以加入紫红色调节层次
大地色 + 对比色	◎ 为了缓解大地色的厚重感，还会出现用对比色做点缀的情况，例如在大地色的家具上使用红色、绿色的软装饰组合
大地色 + 多色	◎ 以大地色作为主色，紫色、黄色、橙色、绿色、蓝色等至少三种组合，通常以点缀色的形式出现 ◎ 是最具魅惑感和异域感的色彩搭配方式，东南亚风格的特点最显著

4. 造型、图案在东南亚风格中的体现

东南亚风格的家居中，图案主要来源于两个方面：一种是以热带风情为主的花草图案，另一种是极具禅意风情的图案。另外，大象这一充分彰显民族风情的图案也常常出现在家居设计中。

（1）禅意图案

东南亚风格中，带有浓郁宗教情结的图案也较常使用，例如佛像、佛手，它们大多作为点缀出现在家居环境中。除此之外，寺庙中的常见造型也会被用于室内设计中，出现在背景墙造型、屏风等处。

◀ 沙发背景墙、楼梯栏杆、窗帘等多处都使用了具有禅意的图案，充分彰显东南亚风格的洁净。

（2）雨林植物图案

热带雨林中的植物图案是较具有东南亚风格代表性的，如棕榈叶、花草图案等，此类图案色彩大多为同色系组合，非常协调，多用墙面壁纸、靠枕或床品的形式呈现。

▲雨林图案的使用随机性很大，无论是布艺还是壁纸都可以采用，非常具有风格特点的图案。

（3）"象"图案

在东南亚地区，大象很受尊崇，因此在装饰居室时，大象图案的使用频率也很高，它可以出现在靠枕等布艺或装饰画上，也可以是立体的摆件装饰。

▲大象具有神圣的象征意义，可作为点睛之笔设计在室内空间中。

5. 东南亚风格中材料的运用

东南亚因地处热带，自然资源丰富，一般都是就地取材，所以东南亚风格室内取材基本源于天然材料，如藤、木、棉麻、椰壳、水草等，这些会使居室显得自然、质朴。

（1）木类建材

木材在东南亚家居中的运用十分广泛。例如，会出现在家具、地面、吊顶和墙面的装饰线之中，也会用木饰面板作为整体墙面的设计。另外，在东南亚风格中，木皮灯具是一种非常具有风格特色的物件。

◀ 深色木材以呼应的方式穿插使用在空间中，质朴而又具有自然气息。

（2）椰壳板

椰壳板的原料为椰壳，通过手工制作粘贴而成，由于原料具有浓郁的雨林特征，常被用在东南亚风格的室内做装饰。除了用来装饰背景墙外，还可以粘贴在柜门上，来增添原始感和自然气息。

▶ 椰壳板具有独特的弧度和构成形式，无须过多的造型，仅单独使用就十分个性。

（3）泰丝、棉麻、纱幔等布艺

东南亚风格的织物非常具有特点，材料上以不同角度会变换色彩的泰丝为代表，质朴的棉麻也会作为搭配使用。另外，也多见曼妙的纱幔作为睡床的装饰，凸显神秘感。在布艺色调的选用上，东南亚风格标志性的炫色系列多为纯度较高的色彩。

▲纱幔、泰丝及棉麻材质，是色彩厚重的天然材料家具的最佳搭档。

6. 东南亚风格家具的类别及特征

东南亚风格的家具具有来自热带雨林的自然之美和浓郁的民族特色，选材上讲求原汁原味，制作上注重手工工艺带来的独特感，属于一种混搭风格，还包含东方风格的韵味。东南亚风格的家具虽然外观宽大，但却具有牢固的结构，讲求品质的卓越。

（1）木雕家具

木雕家具是东南亚风格室内空间中最醒目、最个性的部分，其中，柚木是制成木雕家具的上好原料。柚木家具不易变形，带有特别的香味，其刨光面颜色可以通过光合作用氧化而金黄色，颜色会随时间的延长而更加美丽。

（2）藤制家具

藤制家具天然环保，且具有吸湿、吸热、透风、防蛀，不易变形和开裂等物理性能，可以媲美中高档的硬杂木材。在东南亚风格中，常见藤制家具的身影，既符合风格追求天然的诉求，其本身也能充分彰显出来自于天然的质朴感。除了全藤编的款式外，藤材也经常与木质材料组合，制成层次感更强的家具。

7. 东南亚风格常见装饰品

东南亚风格的工艺品富有禅意，蕴藏较深的泰国古典文化，也体现出强烈的民族性，主要表现在大象、佛像等装饰品的运用中。另外，东南亚风格的居室也常见纯手工制作而成的装饰品，如人物木雕、手工锡器，或者竹节袒露的竹框相架等，均带着几分拙朴；有时也会使用做旧感的黄铜制作各种动物雕塑等。

（1）木雕饰品

东南亚木雕的木材和原材料包括柚木、红木、桫椤木和藤条。大象木雕和木雕餐具都是很受欢迎的室内装饰品，摆放在空间内可增添东南亚风格的文化内涵。

▶ 面积较宽敞的空间内，在角落摆放大型的木雕，可增添独具风格特色的艺术气质。

（2）宗教、神话题材饰品

东南亚风格的室内空间中，常把佛像或各种动物的雕塑摆放在中心位置或醒目之处。

▲东南亚风格室内空间中，通常会摆放佛像在中心位置或醒目之处。

8. 东南亚风格案例解析

本案例在设计时，将绿色系与白色作为主色，再穿插使用浓郁的红色、紫色等色彩，彰显地域特色。而大量木雕家具、泰丝抱枕、雨林图案等装饰，则令清雅、休闲又充满禅味的生活情趣触手可及。

▲客厅中不同绿色的使用，烘托出具有自然感的基调。而具有伊斯兰图案和造型的使用，则起到了彰显风格特点的作用。

▶ 餐厅家具无论是色彩还是图案，都具有强烈的雨林气息。

▲卧室内墙面以绿色为主的雨林图案壁纸做装饰，彰显风格特征，家具上的民族花纹，与壁纸的意境相呼应，强化了整体感，而黑白色的地毯，则平添了一份时尚。

▲女孩房中为了更符合女孩的性格特点，使用了粉色为主色，东南亚的特点则用床的造型来体现。

▲书房的设计，体现了东南亚风格具有西方特点的一面。

▲茶室内采用森系配色搭配壁纸画，犹如来到森林中。

八、欧式风格

1. 欧式古典风格的起源

　　欧式古典主义的初步形成，始于对文艺复兴运动推崇的和谐统一风格的反叛和冲击。在法国路易十四时代，表现为巴洛克风格；路易十五时代，表现为洛可可风格。二者均以追求不平衡的跃动型的装饰样式为特征，前者表现出来的是宏伟、生动、热情奔放的艺术效果，后者则运用流畅自如的波浪形曲线、贝壳状纹样处理家具的外形和室内装饰，致力于追求运动中的纤巧华丽，强调实用、轻便与舒适。而后，形成了古典欧式具有代表性的室内装饰流派。

2. 欧式古典风格的设计理念

　　欧式古典风格室内色彩鲜艳，光影变化丰富；室内多用带有图案的壁纸、地毯、窗帘、床罩及帐幔以及古典式装饰画或物件；为体现华丽的风格，家具、门、窗多漆成棕红色，家具、画框的线条部位饰以金线、金边。它追求华丽、高雅，典雅中透着高贵，深沉而又显露豪华，具有很强的文化韵味和历史内涵。

▲欧式古典风格的室内空间中，大多具有华丽但高雅的装饰效果。

3. 欧式古典风格的色彩设计

典型的古典欧式风格，在色彩设计上，经常运用明黄、金色、红棕色等古典常用色来渲染空间氛围，可以营造出富丽堂皇的效果，表现出古典欧式风格的华贵气质。

（1）金色 / 明黄色

金色或明黄色能够体现出欧式古典风格的高贵感，金色常用在描金家具、装饰物、墙面雕花线条等部位，在整体居室环境中起点睛作用，充分彰显古典欧式风格的华贵气质。

金色 / 明黄色		
金色 / 明黄	◎ 此种色彩组合以金色 / 明黄为基调，具有炫丽、明亮的视觉效果，是最能彰显奢华气氛的色彩组合，能够体现出欧式古典风格的高贵感，构成金碧辉煌的空间氛围	
金色 / 明黄 + 彩色	◎ 彩色选择具有欧式代表性的紫色、红色等色彩，金色通常以描边、饰品等方式出现 ◎ 此种色彩搭配方式能够充分彰显出欧式古典风格的华贵气质	

（2）红棕色

红棕色具有古典气质，符合欧式古典风格的特点。在室内设计中，红棕色常会出现在兽腿家具、护墙板等部位，充分营造出华贵、典雅的欧式空间，彰显贵族气息。

红棕色		
红棕色 + 金色 / 银色	◎ 红棕色木质材料加金漆或银漆描边 ◎ 此种配色方式，能够彰显出欧式古典家居奢华大气之感	
红棕色 + 浊色调 / 浓色调蓝色	◎ 红棕色与蓝色属于对比色组合 ◎ 当觉得大面积的红棕色显得有些沉闷时，就可以选择或淡雅或浓郁的蓝色系列的家具或饰品与其组合，用色彩对比活跃氛围	

4. 造型、图案在欧式古典风格中的体现

欧式古典风格中涡卷与贝壳浮雕是常用的图案装饰，表面常采用漆地描金工艺，画出风景、人物、动植物纹样，有些家具雕饰上包金箔。欧式古典风格的造型多以罗马柱、拱券、壁炉等，来营造豪华大气、奢侈的感觉。

（1）罗马柱

多力克柱式、爱奥尼克柱式、科林斯柱式是希腊建筑的基本柱子样式，也是欧式建筑及室内设计最显著的特色。古典欧式的室内罗马柱结合了现代的工艺技术与审美角度，多用大理石或石膏板制作而成，彰显空间的豪华大气之感。

▶ 在没有独立柱体的空间中，也常将主体的样式设计为背景墙的一部分，来凸显欧式气韵。

（2）壁炉

在古代欧洲，壁炉是室内靠墙砌的生火取暖设备。因此壁炉是西方文化的典型载体，选择欧式古典风格的家装时，可以设计一个真的壁炉，也可以设计一个壁炉造型，辅以灯光，可以营造出极具西方情调的生活空间。

（3）欧式典型图案

欧式风格具有一些代表性图案，包括有：大马士革纹、佩兹利纹、卷草纹、朱伊纹等，除此之外，一些神话故事，也经常被做成图案使用。这些图案通常是采用壁纸、布艺等形式呈现在空间内的。

▲ 壁炉具有显著的欧式特征，很适合设计为背景墙。

▲ 大理石拼花设计为卷草纹，具有吉祥的寓意。

5. 欧式古典风格中材料的运用

在欧式古典风格的家居中，地面材料以拼花石材或者地板为主。在材料选用上，以高档红胡桃饰面板、天然石材、仿古砖、描金石膏装饰线等为主。墙面饰面板、古典欧式壁纸等硬装设计与家具在色彩、质感及品位上，完美地融合在一起。

（1）皮质软包

软包是指一种在表面用柔性材料加以包装的装饰方法，使用的皮质材料质地柔软，造型很立体，能够柔化整体空间的氛围，一般可用于背景墙或家具上。其纵深的立体感也能提升家居档次，是欧式古典家居中常用的装饰材料。

◀ 皮革材质的软包背景墙和沙发，美观舒适又可彰显豪华感。

（2）石材

石材在欧式古典家居中被广泛应用于地面、墙面、台面、柱体等装饰，多种颜色的石材搭配，还可以做拼花处理，来体现欧式古典风格的雍容大气。

（3）护墙板

护墙板是从埃及时期开始盛行的，有着非常深远的文化历史与意义。现代护墙板可以根据需求进行设计，不仅能有效保护建筑墙面，又能够展现出欧式古典风格的历史感。

▲ 整个墙面均用米黄色的石材装饰，大气、典雅。

▲ 白色为主的护墙板，展现出了欧式风格的高雅感。

6. 欧式古典风格家具的类别及特征

　　欧式古典风格的家具做工精美，轮廓和转折部分由对称而富有节奏感的曲线或曲面构成，并装饰镀金铜饰，艺术感强。常见的类型有兽腿家具、贵妃沙发床、床尾凳等。由于欧式家具的造型大多较为繁复，因此数量不宜过多，会令居室显得杂乱、拥挤。

（1）雕花家具

　　欧式古典家具讲究手工精细的裁切雕刻，延续了 17~19 世纪皇室贵族家具的特点，雕刻复杂，对每个细节都精益求精；多为手工制作，轮廓和转折部分由对称而富有节奏感的曲线或曲面构成，并组合雕刻设计，有浮雕、圆雕、透雕、平刻等形式。

雕花家具

（2）金、银色家具

　　除了雕花外，欧式古典风格家具表面多会装饰镀金、镀银、铜饰等，或做描金、描银装饰，具有华贵优雅的装饰效果；用材种类繁多，但主体部分为实木，常用的有柚木、榉木、橡木、胡桃木、桃花心木等，沙发等软体家具会在实木的基础上搭配一些皮料或质感华丽的布料，如丝绒。

金、银色家具

7. 欧式古典风格常见装饰品

欧式古典风格在配饰上，以华丽、明亮的色彩，配以精美的造型达到雍容华贵的装饰效果。局部点缀绿植鲜花，营造出自然舒适的氛围。如沉醉奢华的水晶灯，营造出精致、华贵的居室氛围；金框西洋画利用透视手法营造空间开阔的视觉效果。雕像则充满动感，富有激情。

（1）金框西洋画

在欧式古典风格的空间里，可以选择用西洋画做装饰。其中以油画为主，其特点是颜料色彩丰富鲜艳，能够充分表现物体的质感，可以营造出浓郁的艺术氛围，表现业主的文化涵养。欧式古典风格选用线条烦琐，看上去比较厚重的金边画框，才能与之匹配。

▶金色的画框组合具有写实性质的油画，具有显著的西方艺术特点。

（2）水晶吊灯

在欧式古典风格的室内空间里，灯饰应选择具有西方风情的造型，如水晶吊灯，这种吊灯给人以奢华、高贵的感觉，很好地传承了西方文化的底蕴。

（3）罗马帘

罗马帘是窗帘装饰中的一种，其中欧式古典罗马帘自中间向左右分出两条大的波浪形线条，是一种富于浪漫色彩的款式，其装饰效果非常华丽，可以为家居增添一份高雅古朴之美。

▲经过水晶材质折射的光线，更显绚丽和华美。

▲繁复造型的罗马帘，具有浓郁的欧式古典气质。

8. 欧式古典风格案例解析

　　本案例以红棕色为主的方式表现欧式古典风格的特点。红棕色集中在墙面及家具部分，为了避免过于厚重而使人感到压抑，顶面和地面均采用了高明度色彩，这样做使空间重心位于中间部分，整体配色虽然厚重但也具有一些动感。图案设计用壁纸、地毯及家具雕花来呈现，具有典型的欧式古典风格特征。

▲起居室的色彩以红棕色为主，加入了一些蓝色系做点缀，低调的对比色组合在古典之中融入了些许活力感。

◀餐厅墙面以棕红色为主，搭配金色的镜面，复古而具有华丽感。家具细节部分的雕刻图案和布艺图案体现出了欧式古典风格精致的一面。

▲卧室中的棕色集中在硬装部分，为了使氛围更舒适，床选择了高明度的米灰色。家具上的金色雕花装饰，增添了低调的奢华感。

▲书房的书柜墙和地面均使用了红棕色古典但略厚重，因此另一半墙面选择了古典纹理的灰色壁纸来做平衡。

9. 简欧风格的起源

生活在现代繁杂多变的世界里，人们向往简单、自然能让人身心舒畅的生活空间，纯正的古典欧式室内设计风格适用于大户型与大空间，而较小的空间容易给人造成一种压抑的感觉。于是设计师利用室内空间的解构和重组，将欧式风格加以简约化、质朴化，打造出一个明朗宽敞舒适的空间，来消除工作的疲惫，忘却都市的喧闹，让人处于简约空间中也能感觉到欧式的宁静和安逸，这就是简欧风格的来源。

◄ 简欧风格将欧式元素简单化，并与现代元素结合。

10. 简欧风格的设计理念

简欧风格是经过改良的古典主义风格，高雅而和谐是其代名词。在家具的选择上既保留了传统材质和色彩的大致风格，又摒弃了过于复杂的肌理和装饰，简化了线条。因此简欧风格从简单到繁杂、从整体到局部，精雕细琢，镶花刻金都给人一丝不苟的印象。

◄ 简欧空间中，仍能看出欧式传统造型的痕迹，但更简洁、利落。

11. 简欧风格的色彩设计

简欧风格是将现代材料及工艺与欧式古典风格的提炼结合，仍然具有传承的浪漫、休闲、华丽大气的氛围，但比传统欧式更清新、内敛。色彩设计高雅而唯美，多以淡雅的色彩为主，白色、象牙白、米黄色、淡蓝色等是比较常见的主色，以浅色为主深色为辅的搭配方式最常用。

（1）白色为主

背景色多为白色，搭配同类色（黑色、灰色等）时尚感最强；搭配金色或银色的饰品，能够体现出时尚而又华丽的氛围；搭配米黄及蓝或绿，是一种别有情调的色彩组合，具有清新自然的美感。

白色为主		
黑、白、灰组合	◎ 黑、白、灰中两种或三种组合作为空间中的主要色彩的配色方式 ◎ 白色占据的面积较大，不仅用在背景色上还会同时用在主角色上，搭配同类色，效果朴素、大气而不乏时尚感	
白色 + 蓝色 / 蓝紫色	◎ 蓝色或蓝紫色多为明色调或淡浊色调的蓝色，暗色系比较少用 ◎ 此种色彩组合能够形成一种别有情调的氛围，十分具有清新的美感	
白色 + 绿色	◎ 这也是一种具有清新感的新古典配色方式，但比起蓝色的冷清感来说是一种没有冷感的清新 ◎ 绿色多柔和，基本不使用纯色 ◎ 绿色很少在墙面上大面积的运用，通常是用做主角色、配角色或点缀色使用	
白色 + 金色 / 银色	◎ 用金色搭配纯净的白色，是具有低调奢华感的配色方式，金色常做点缀色使用 ◎ 白色 + 银色不如白色 + 金色那么奢华，但却具有一些时尚感，银色作为点缀色或者家具边框出现	

白色为主		
白色 + 紫色 / 紫红色 / 粉色	◎ 紫色 / 紫红色 / 粉色常用作配角色、点缀色，是倾向于女性化的配色方式 ◎ 也可以利用不同色系的紫色或同时使用紫色和粉色，会令空间更显典雅与浪漫	

（2）暗红及大地色

以暗红或大地色为主的配色方式，少量糅合白色或黑色，最接近欧式古典风格。可加入绿色植物、彩色装饰画或者金色、银色的小饰品来调节氛围。若空间不够宽阔，不建议大面积使用大地色系做墙面背景色，容易使人感觉沉闷。

暗红及大地色		
大地色 + 白色 + 米色 / 米黄色	◎ 以米色 / 米黄色为背景色或主角色时，能够营造出具明快而朴素的气氛 ◎ 若以大地色为主色，米色 / 米黄色辅助，则具有厚重感和古典感	
大地色 + 白色 + 黑色 / 灰色	◎ 白色和浅灰色可大量使用，黑色或深灰色则通常会少量使用 ◎ 大地色多以家具、地板、地毯、靠枕等方式加入进来，整体效果朴素中具有复古感	
暗红色 + 白色 / 米色	◎ 米色或白色与暗红搭配，有时会同时使用白色和米色，适当地加入一些黑色可以做调节，是最接近欧式古典风格的配色方式 ◎ 这种配色方式复古且带有一点明媚、时尚的感觉	

12. 造型、图案在简欧风格中的体现

古典欧式的花饰、造型繁多，而简欧风格则以的线条代替复杂的花纹，如墙面、顶面采用简洁的装饰线条构建层次。软装则加入大面积欧式花纹、大马士革图案等为空间增添欧式风情。

（1）装饰线

装饰线是指在石材、板材的表面或沿着边缘开的一个连续凹槽，用来达到装饰目的或突出连接位置。在简欧风格的家居中，不宜做太复杂的造型，一般在顶面或墙面采用装饰线条处理，突显空间层次感。

◀ 简化的欧式装饰线，彰显
细节的精致。

（2）欧式图案

欧式古典风格中的代表性图案，均可用在简欧风格的家居中，但用法有所区别，更多的会用在壁纸或布艺上，而基本不再用作家具造型。

◀ 使用大马士革图案的壁纸
装饰床头墙，虽然简洁但却
可装饰出欧式气质。

13. 简欧风格中材料的运用

简欧风格软装饰充分利用现代工艺，使玻璃、铁艺、石材、瓷砖、陶艺制品、欧式花纹壁纸等综合运用于室内；欧式中的铁制品给人的印象非常深刻，通常选择金属色，传达出一种复古、怀旧的风味。

（1）硬包造型

在简欧风格的室内空间中，比起欧式古典风格中常见的软包造型来说，硬包造型的出现频率更高一些，硬包造型比软包更简洁也更硬朗，更符合简欧风格的特点。它多用于背景墙部分，通常为素色，周边可用线条或铆钉做装饰。

◀ 直线条的硬包造型，与星芒装饰镜形成对比，时尚而不乏欧式气质。

（2）镜面玻璃

简欧风格摒弃了古典欧式的沉闷色彩，镜面技术被大量运用到家具和饰品上，营造出一种冰清玉洁的居室质感。另外，除了有较强的装饰时代感外，其反射效果能够从视觉上增大空间，令空间更加明亮。

◀ 墙面灰镜的使用，为简欧居室增添了时尚感，且使空间显得更宽敞。

（3）大理石

大理石可用于墙面也可用于地面，用作地面时，需要根据户型的特点来选择，如果是复式或别墅，一层可以整体铺贴大理石，加入一些拼花设计，来彰显大气感；如果是平层结构，可以在公共区铺设大理石，面积小的情况下，可以不做拼花或做小块面的拼花。

▲灰色大理石为主的地面拼花，大气而具有精致感。

14. 简欧风格家具的类别及特征

简欧风格的家具一般会选择简洁化的造型，减少了古典气质，增添了现代情怀，充分将时尚与典雅并存的气息流于家居生活空间。简欧风格的家具主要强调力度、变化和动感，沙发华丽的布面与精致的描金互相配合，把高贵的造型与地面铺饰融为一体。

（1）线条简化的复古家具

简欧风格中往往会采用线条简化的复古家具。这种家具虽然摒弃了古典欧式家具的繁复，但在细节处还是会体现出西方文化的特色，多见精致的曲线或图案，令家居空间优雅与时尚共存，适合当代人的生活理念。

线条简化的复古家具

（2）描金漆 / 银漆家具

黑色、白色等颜色的漆底与金色 / 银色的花纹相衬托，具有非常纤秀典雅的造型风格，是简欧风格家居中经常用到的家具类型。着力塑造出尊贵又不失高雅的居家情调。与古典家具相比，描金 / 银、镀金 / 银的设计被大量减少，仅在关键部位使用一些装点。

描金漆 / 银漆家具

15. 简欧风格常见装饰品

简欧风格注重装饰效果，用室内陈设品来增强历史文脉特色，往往会照搬古典设施、家具及陈设品来烘托室内环境气氛。同时，简欧风格的装饰品讲求艺术化、精致感，如金边欧风茶具、金银箔器皿、玻璃饰品等都是很好的点缀物品。

（1）现代油画

简欧空间内除了适合使用一些画框造型比较简单，但带有欧式特征的古典西洋油画外，还适合使用一些现代感的油画，例如立体油画、抽象油画等。

▶抽象油画的使用，强化了简欧风格中，现代感的一面。

（2）金属摆件

金属摆件是简欧区别于古典欧式风格的一个显著元素，有两种类型，一是纯粹的金属，表面不会处理的很光滑，独具个性和艺术感；二是金属和玻璃结合的类型，金属部分通常会比较光亮。

（3）装饰镜

装饰镜不仅有镜面扩大空间感的效果，而且各色的边框也极具装饰作用，与简欧风格的家具非常匹配。一般悬挂在电视墙、沙发背景墙、餐厅背景墙的中央或进门的玄关墙面上。

▲用金属摆件和装饰画组成背景墙，独具艺术感。

▲装饰镜与简欧家具组合，典雅而又不乏时尚感。

16. 简欧风格案例解析

　　本案例以黑、白、灰的组合为色彩基调，其中白色占据最大面积，彰显简欧风格简洁的特点。在不同空间中，分别加入了蓝色、棕色和红色等彩色，统一中做些许变化，使整个家居空间更具艺术感。与简洁的配色相呼应的是线条和块面为元素的造型设计，主要集中在墙面部位，可以使空间的装饰重点更突出。

▲ 客厅以白色和灰色为主，简练、时尚却不乏欧式风格的神韵。色彩数量较少，因此在墙面使用了线条造型并加入了一个黑白格图案的软凳，来丰富整体层次。

▲ 书房内采用了沉稳色系的活泼配色，凸显个性的同时，不会显得过于活跃。

◀ 餐厅配色设计在与客厅呼应的基础上，加入了淡蓝色，清新但不冷清。墙面上的线条造型与客厅呼应，使公共区的设计整体感更强。

▲主卧室更多使用了棕色系来与白色搭配，效果朴素而明快。墙面上仍延续了客厅的设计，使用了简化的欧式线条造型，彰显简欧风格的特点。

▲次卧室的设计更简洁，以灰色和白色为主，加入了低明度的蓝色和红色来调节氛围，搭配大块面的墙面造型，简洁而不乏层次感。

九、法式风格

1. 法式风格的起源

17 世纪的法国室内装饰是历史上最丰富的时期，使法国在整整三个世纪内主导了欧洲潮流，当时法国主要的室内装饰都由成名的建筑师和设计师来主持。到了法国路易十五时代欧洲的贵族艺术发展到巅峰，并形成了以法国为发源地的"洛可可"家居装饰风格，一种以追求秀雅轻盈，显示出妩媚纤细特征的法国家居风格形成。

2. 法式风格的设计理念

法式风格是一种推崇优雅、高贵和浪漫的室内装饰风格，讲究自然点缀，追求色彩和内在的联系。法式风格往往不求简单的协调，而是崇尚冲突之美。法式风格的主要特征是布局上突出轴线的对称，恢宏气势，豪华舒适的居住空间；追求贵族的奢华风格，高贵典雅；在细节处理上运用了法式廊柱、雕花、线条，制作工艺精细而考究。

▲法式风格十分推崇优雅、高贵和浪漫，蓝色与金色的结合，给人一种扑面而来的高贵气息。

3. 法式风格的分类

　　法式风格主要包括法式宫廷风格和法式乡村风格。无论哪一种法式风格，空间设计皆推崇优雅、诗意、浪漫，是一种基于对理想情景的考虑，力求在气质上给人深度的感染。比较注重营造空间的流畅感和系列化，以及色彩和元素的搭配。

▲娇媚的法式家具采用描金处理，充分展现出法式宫廷风格的华丽。

（1）法式宫廷风格

　　法式宫廷风格以洛可可风格为主导，是在巴洛克式建筑的基础上发展起来的，其风格纤弱娇媚、华丽精巧、甜腻温柔、纷繁琐细。为了模仿自然形态，室内建筑部件往往做成不对称形状，变化万千。室内墙面粉刷用嫩绿、粉红、玫瑰红等鲜艳的色调，线脚大多用金色。室内护壁板有时用木板，有时做成精致的框格，框内四周有一圈花边，中间常衬以浅色东方织锦。爱用贝壳、山石、壁画作为装饰题材。

（2）法式乡村风格

　　法式乡村风格随意、自然、不造作的装修及摆设方式，营造出欧洲古典乡村居家生活的特质，设计重点在于拥有天然风味的装饰及大方不做作的搭配。一般会运用洗白手法真实呈现木头纹路的原木材质，图案基本为方格子、花草图案、竖条纹等。细节方面，可使用自然材质家具，如藤编家具、野花与干燥花。法式乡村风格少了一点美式乡村的粗犷，多了一点大自然的清新，和普罗旺斯的浪漫。

◀质朴的洗白家具，淡蓝色的墙面，以及生机勃勃的花艺，让法式乡村风格彰显丰盈而典雅的格调。

4. 法式风格的色彩设计

　　法式风格家居细部空间的配色设计，追求的是宫廷气质和高贵而低调奢华，同时又具有一点田园气息。最常见的手法是用洗白处理具有华丽感的配色，展现风格特质与风情。主色多见白色、金色、深木色等，家具多为木质框架且结构粗厚，多带有古典细节镶饰，彰显贵族品位。

（1）白色为主

　　以白色为主的配色方式，有两个大的种类，一是白色大面积使用，黑色及灰色做主角色、配角色，金色或银色点缀使用；二是白色搭配具有自然感的彩色，白色为主或彩色为主均可。

白色为主		
黑、白、灰组合	◎ 白色常做背景色，黑色会结合一些带有显著特点的材料，例如丝绒或带有变换感的布艺，搭配金色或银色的边框	
白色 + 紫色 / 粉色	◎ 法国是浪漫的国度，最具浪漫气息的紫色、粉色经常被使用，但是很少使用暗色，多为淡色或者浓色	
白色 + 蓝色 / 青色	◎ 蓝色或轻色为主的法式居室具有高雅而清新的感觉，也是很常见彩色，多为淡雅柔和的色调，柔和不冷冽的感觉	
白色 + 米色 / 米黄色	◎ 用米色或米黄色搭配白色作为法式居室的主色，能够使空间具有温馨感，多搭配一些带有田园图案的壁纸或少量的深色木质来增添层次感，这种配色方式多用在卧室中，客厅等公共空间不常用	

（2）大地色系

以大地色系为主色的配色方式，色调多给人典雅感，基本没有刺激的色调，通常还会搭配绿色、米色来制造层次感，家具边框以木质居多，且以白色和深色木本色为主。

大地色系		
米色＋白色＋大地色系	◎ 用米色作为法式居室的主色，能够使空间具有温馨感，多搭配一些大地色系的木质来增添层次感，白色的作用是调节层次感，避免过于暗沉	
大地色＋绿色／蓝色	◎ 大地色较多的会与蓝色组合使用，塑造兼具亲切感和自然气息的居室氛围，为了烘托自然韵味，经常会搭配红色、粉色使用，但色相对比不会太激烈 ◎ 蓝色能够中和大地色的厚重感，使氛围更清新	

（3）金色、银色

金色是法式风格极具代表性的一类色彩，能够充分表现出华贵、典雅的氛围，但这种金色并不庸俗，通常会用在墙面或家具上，有时候金色也会用银色来代替。

金色、银色		
金色＋大地色系	◎ 金色与大地色系组合，具有低调的奢华感，大地色与金色色调相近，协调而又具有层次	
金色＋彩色	◎ 金色在家具上，也常与一些纯度较高的色彩组合，如红色、宝蓝、浓青等 ◎ 此类配色适合与白色或米色搭配，塑造非常醒目的效果	

5. 造型、图案在法式风格中的体现

法式风格装饰题材多以自然植物为主，使用变化丰富的卷草纹样、蚌壳般的曲线、舒卷缠绕着的蔷薇和弯曲的棕榈。为了接近自然，尽量不使用水平的直线，而是多变的曲线和涡卷形象，每一边和角都可能是不对称的，变化极为丰富，令人眼花缭乱。

（1）曲线造型图案

法式风格的室内平面不会横平竖直，室内空间中，基本上都带有一些多变的曲线，不仅体现在雕花装饰上，也体现在图案设计上。比如，一些 L 形、S 形、C 形的弯曲弧度为元素设计的各种图案。

◀ 墙面的造型，直线中总是伴随着曲线出现，搭配以曲线为主的家具，表现出了法式风格柔美的一面。

（2）植物纹样图案

法式风格在设计上融入了很多自然元素，以卷曲弧线为主的植物纹样非常具有代表性的图案。此类图案多使用在壁纸、布艺或以彩绘的方式用在木质家具上。

◀ 浪漫的花草纹样壁纸，使法式风格更具自然感。

6. 法式风格中材料的运用

设计法式风格，用饰面板等材料是很难表现出实木的真实质感，因此法式风格材料以樱桃木、榆木、橡木居多，很多时候还会采用手绘装饰、洗白处理或金漆雕花，尽显艺术感和精致情调。

（1）宽边大纹理线条

法式线条常见的材质有大理石、石膏或木线，通常制成宽边大纹理。主要设计在空间的背景墙上面，比如电视、沙发的背景上等。

◀ 用宽边的白色线条组合蓝色墙纸设计墙面，清新、典雅而又具有节奏感。

（2）浅淡纹理壁纸

法式风格的壁纸更偏内敛一些，设计在墙面中，并不是特别吸引眼球。但其纹理的精致与美感是不能忽视的，越看越具有美感。

（3）浅色石材

法式风格中即使是华丽的，也会让人感觉有细腻、委婉之处，浅色系的石材很适合表现这一点，它多用在地面上，有时也会装饰墙面。

▲墙面使用浅灰色纹理的壁纸，内敛却耐看。

▲地面使用米黄色石材，具有细腻、温馨之感。

7. 法式风格家具的类别及特征

　　法式风格的家具很多表面略带雕花，配合扶手和椅腿的弧形曲度，显得更加优雅。在用料上，法式风格的家具一直沿用樱桃木，极少适用其他木材。其中，法式宫廷风格的家具追求极致的装饰，在雕花、贴金箔、手绘上力求精益求精；法式乡村风格的家具摒弃奢华、繁复，但保留了纤细的曲线，天然又不失装饰美感。

（1）宫廷风家具

　　哥特式、洛可可和巴洛克家具可统称为宫廷风，它们带有浓郁的宫廷色彩，强调手工雕刻及优雅复古的格调，弧线是最常用的造型元素，出现在家具靠背、扶手和腿部。家具边框部分有大量起到装饰作用的镶嵌、镀金和亮面漆。沙发及座椅的坐垫及椅背部分，常用华丽的锦缎或低调华美的天鹅绒织成，来增加坐卧的舒适感。

宫廷风家具

（2）乡村风家具

　　法式乡村风格的家具，常以桃花心木为主材，完全手工雕刻，表面多处理成浅色漆或浅木色洗白处理，保留典雅的造型及细腻的线条。

乡村风家具

8. 法式风格常见装饰品

法式风格的装饰品多会涂上靓丽的色彩或雕琢精美的花纹。这些经过现代工艺雕琢与升华的工艺品，能够体现出法式风格的精美质感。其中法式宫廷风格多使用大幅人物装饰油画，镀金的灯具、摆件，花纹繁复的镜框等。而法式乡村风格充满了淳朴和清雅的氛围，常用一些怀旧的装饰物展现居住者的雅致情怀，如藤椅花篮＋薰衣草、木质钟表、陶制／铁质花器、花朵造型灯具等。

（1）人物装饰油画

由于法式宫廷风格来源于欧式贵族的宫廷设计，因此装饰画的题材常见欧洲贵族人物，其场景或为贵族的生活空间，或为贵族狩猎、游玩的状态，皆力求体现出闲适、慵懒的气息，彰显贵族生活的自由、奢靡。常以单幅或双幅形式，挂在背景墙上。

▶宫廷题材的油画不仅填补了墙面的空白，同时还为书房增加了艺术气质。

（2）花纹繁复的镜框

法式宫廷风格的装饰物大多带有奢华元素，如装饰镜框大多带有繁复的花纹，力求凸显出高品质的生活，大多装饰在玄关背景墙及壁炉背景墙，可以将空间的奢华大气展现得恰如其分。

（3）陶制／铁质花器

法式乡村风格追求淳朴、自然的氛围，常用一些做旧的陶艺、铁艺花器搭配向日葵等乡村的花朵，彰显怀旧情调，在餐桌、茶几或边几上均可摆放。

▲做工繁复且精致的镜框，提升了空间的华丽感。

▲带有做旧感的铁质花器，彰显乡村风情。

9. 法式风格案例解析

在这套别墅的设计中，设计师采用了纯正的法式乡村风格。但是，又增添了一点点浓重的色彩，让空间更具层次感和延伸感，给人耳目一新。

◀ 在客厅中，设计师用白色和蓝色墙纸组合的护墙板来装饰沙发后的整面墙壁，搭配棕色为主的家具，素净、清新又不乏沉稳感。

▼ 餐厅中使用了木质和藤材结合的家具，搭配墙面的欧式花纹，具有浓郁的风格特点。

▶主卧室中以柔和的粉蓝色搭配灰色家具，与公共区相比来说，更清新、浪漫。

◀休闲区的设计则在维系乡村特点的基础上，增加了金色系材料，显得更华丽一些。

十、美式风格

1. 美式风格的起源

　　美式风格起源于 17 世纪，融合巴洛克、帕拉第奥、英国新古典等装饰风格，是一种兼容并包的风格体现，形成了对称、精巧、幽雅、华美的特点。另外，美国文化具有非常显著的一个特征，即崇尚个性的张扬与对自由的渴望。

2. 美式风格的设计理念

　　美式风格有着欧式的奢侈与贵气，同时结合了美洲大陆的不羁，既剔除了许多羁绊，又能找寻到文化根基，贵气、大气又不失自在、随意。同时，美式风格着重体现自然感，大量天然材质和绿植的运用即为最好说明；空间讲求变化性，很少为横平竖直的线条，而是通过拱门、家具脚线来凸显设计的独到匠心。

▲美式风格具有部分欧式风格的特点，同时更具自由且崇尚自然感。

3. 美式风格的分类

美式风格顾名思义是来自于美国的装修和装饰风格，历经发展与变革，当今比较盛行的室内风格有美式乡村风格和现代美式风格。两种风格在设计时，除了保有各自的特点之外，皆以表现悠闲、舒畅、自然的乡村生活情趣为宗旨。

（1）美式乡村风格的特点

美式乡村风格主要起源于 18 世纪各地拓荒者居住的房子，具有刻苦创新的开垦精神，同时体现出浓郁的乡村气息。主要表现在色彩、家具造型，以及具有美国西部本土特色的装饰之中。另外，美式乡村风格注重家庭成员间的相互交流，注重私密空间与开放空间的相互区分，重视家具和日常用品的实用和坚固。

◀ 空间具有通透感，配色源于自然，家具厚重、实用。

（2）现代美式风格的特点

现代美式风格是美国西部乡村生活方式的一种演变，摒弃了过多烦琐与奢华的设计手法，色彩相对传统，家具选择更有包容性，体现出多层次的美式风情，家居环境也更加简洁、随意、年轻化。与美式乡村风格的主要区别在于配色设计和家具造型。

▶ 现代美式风格色彩更简化，家具造型也呈现多样化特征。

4. 美式风格的色彩设计

美式风格的配色，根据类型的不同存在一些差别。乡村风格属于自然系风格，非常重视生活的自然、舒适性，充分显现出乡村的朴实风味。其配色离不开来源于自然的色调，如绿色、土褐色均较为常见；而现代美式则加入了简洁、现代的元素，配色方式更丰富。

（1）乡村风格的色彩设计

美式乡村风格有两种常见的配色方式，一是以大地色也就是泥土的颜色为主，代表性的色彩是棕色、褐色以及旧白色、米黄色；二是以比邻配色为主，最初的设计灵感源于美国国旗的三原色，红、蓝、绿出现在墙面或家具上，其中红色系也被棕色或褐色代替。

乡村风格的色彩设计		
大地色系 + 白色 / 米色	◎ 用棕色、咖啡色等厚重的大地色系色彩与白色或米色搭配组合，属于较为明快的美式配色	
大地色系 + 绿色 / 蓝色	◎ 大地色 + 绿色，通常为大地色系占据主要地位，绿色多用在部分墙面或者窗帘等布艺装饰上 ◎ 大地色 + 蓝色，属于比邻配色的一种演化，用淡雅的蓝色组合大地色，是最具清新感的美式配色	
红色 + 白色 + 蓝色或红色 + 绿色	◎ 源于美国国旗的配色设计，具有浓郁的美式民族风情，红色也可替代为棕色或褐色 ◎ 绿色与红色属于对比色组合，但两者都不会使用纯色调，而是选择明度低一些的色调，兼具质朴感和活泼感	

（2）现代美式风格的色彩设计

现代美式的配色常见有三种类型：一是以蓝色为主的配色方式，是比较常见的，用蓝色组合白色、米色以及黄色和红色等，具有清新感；二是以大地色为主，搭配米色、蓝色或绿色等；三是以无色系的黑、白、灰为主的方式，较为简约。

现代美式风格的色彩设计	
蓝色系＋白色	◎ 蓝色是现代美式风格中比较常见的一种代表色，与白色组合时多会穿插运用，例如结合运用在墙面上或主要家具上，是最具有清新感的现代美式配色方式，对空间大小基本没有要求
蓝色＋对比色	◎ 蓝色组合黄色、红色等对比色的配色方式，属于比较活泼的一种色彩组合 ◎ 黄色和红色基本不会使用艳丽的色调，多为浓色调或深色调，与类似色调的蓝色组合形成一种雅致的对比
大地色系	◎ 源自于美式乡村风格的一种现代美式配色方式，大地色系最长用在主要家具以及地面上，与白色、蓝色、米色或米黄色等色彩搭配 ◎ 与美式乡村风格不同的是，这里的家具款式仍然厚重，但造型更简约
黑、白、灰组合	◎ 此种配色方式是具有简约感和都市感的现代美式配色方式，以可以用白色或灰色涂刷墙面，如果空间足够宽敞黑色也可装饰部分墙面，小空间中黑色主要是用做主角色、配角色或点缀色使用的

5. 造型、图案在美式风格中的体现

（1）美式风格常见造型

　　无论是美式乡村风格，还是现代美式风格，均会出现像地中海风格中常用的拱形垭口，其门、窗也都圆润可爱，这样的造型可以营造出美式风格的舒适惬意感觉。但是现代美式风格相对于美式乡村风格，线条上有所简化，主要表现在家具的造型上，会出现大量线条较为平直的板式家具。

◀ 拱形垭口的弧线造型，具有舒适感和自由感。

（2）美式风格常见图案

　　由于美式风格追求自然天性，因此家居设计时，花鸟虫鱼这类图案十分常见，体现出浓郁的自然风情。另外，美式风格的家居中，还会经常出现一些表达美国文化概念的图腾，例如白头鹰。白头鹰是美国的国鸟，代表勇猛、力量和胜利，这一象征爱国主义的图案被广泛地运用于装饰中，比如鹰形工艺品，或者在家具及墙面上体现这一元素。

◀ 花鸟图案的装饰画和布艺，为卧室空间增添了浓郁的自然气息。

6. 美式风格中材料的运用

（1）硬装材料的选用

美式风格自然、质朴，自然类或仿自然类材质是必不可少的装饰建材，如石材、人造文化石及各种木料等。墙面造型常见自然裁切的石材、红砖墙等，这些材质与美式风格追求天然、纯粹的理念相一致。

◀ 文化石和各类木质材料的使用，表现出美式风格自然、质朴的特点。

（2）软装材料的选用

美式风格的常见软装材料表现在三个方面：一是造型大气、古拙的木家具；二是铁艺的运用，如铁艺枝灯、铁艺装饰窗等；三是布艺，是美式风格中不可或缺的装饰元素。布艺的天然质感与美式风格追求质朴、自然的基调相协调，广泛运用在窗帘、抱枕、床品、布艺家具等领域。其中，本色的棉麻是主流，也常见色彩鲜艳、花朵硕大的装饰图案。

▲ 做旧木质的家具，具有古朴的气韵。

▲ 带有花草图案的布艺沙发，彰显美式风格的自然基调。

7. 美式风格家具的类别及特征

　　乡村和现代这两种美式风格的家具特点是不同的，乡村风格的家具更质朴、厚重，具有自然、怀旧的感觉，体现的是对自由的追求；而现代美式风格的家具融合了简约美，仍以舒适的宽度为向导，但整体更简洁，配色更丰富。

（1）乡村风家具

　　带着浓郁的乡村气息，通常简洁爽朗，线条简单、体积粗犷，强调舒适度，质地厚重，坐垫也加大，气派而实用；家具框架或主体部分以就地取材的胡桃木、枫木、桃心花木、白蜡木为主，仍保有木材原始的纹理和质感，少雕饰。多数木质家具上刻意做仿旧处理，添上仿古的瘿痕和虫蛀的痕迹，创造出一种古朴的质感，展现乡村风格的原始粗犷。

乡村风家具

（2）现代风家具

　　现代美式风格家具更简约，但保留了美式乡村风格对舒适性的追求，不仅适合大户型，小户型也适用；沙发减少了实木的使用比例，坐垫及背靠部分材料多使用各种纯色的厚实布艺。

现代风家具

8. 美式风格常见装饰品

美式风格属于自然风格，各种繁复的花卉、盆栽，是非常重要的装饰元素，而大型盆栽在空间中相对更受欢迎。而像铁艺饰品、自然风光的装饰画、鹰形工艺品等，也是美式空间中常用的物品。另外，装饰品的选用上，现代美式风格和美式乡村风格之间并没有绝对的界限，只是现代美式风格的装饰品相对精致小巧。

（1）装饰画或摄影画

美式风格的空间中，适合搭配一些以自然元素为主题的油画，如花鸟、植物、风景等，也可选择美式建筑或人物为主的画面。除此之外，也可以搭配一些以上题材的摄影画。

▶以白鹭为主题的装饰画，为美式空间增添了一份灵动感和生趣。

（2）铁艺装饰品

美式乡村风格对于铁艺的追求主要表现在灯具、花纹图案的装饰窗上，大多为黑色。现代美式风格对于铁艺的追求主要表现在墙面挂饰上，精致小巧，色彩多为白色、绿色，具有清新感。

（3）大型绿植盆栽

美式乡村风格的居室一般面积较大，大型盆栽既有绿化功能，又能减少室内空旷感，可大量使用。现代美式风格也同样适用大型盆栽，只需少量使用，再用中小型盆栽做辅助绿化即可。

▲铁艺烛台具有复古又质朴的装饰效果。

▲大型的绿植，为美式空间增添了自然气息。

9. 美式风格案例解析

本案例以带有浓郁自然和质朴感的大地色作为主色，搭配绿色和白色做基色部分层次的调节，再用带有浓郁美式特征的软装饰与配色结合，使空间中充满了自然、舒适的气息。

▲ 电视墙选用做旧实木搭配棕色系的文化石，粗犷而又具有自然感。

► 沙发墙与背景墙相比，则更体现精致感，绿色乳胶漆搭配线条造型，与电视墙形成对比，增添了视觉张力。

▲ 餐厅和厨房大量的使用了仿古砖，彰显复古特点的同时，耐脏且容易打理。

▲ 卧室的配色与客厅相呼应，更具整体感。将绿色作为背景色，清新而具有轻松感。

十一、田园风格

1. 田园风格的起源

　　"田园风格"这一说法最早出现于 20 世纪中期，泛指在欧洲农业社会时期已经存在数百年历史的乡村家居风格，以及美洲殖民时期各种乡村农舍的风格。这种风格是早期开拓者、农夫、庄园主简单而朴实生活的真实写照，也是人类社会最基本的生活状态。

◀ 将庄园中的质朴生活气息融合到家居设计中。

2. 田园风格的设计理念

　　田园风格讲求心灵的自然回归感，令人体验到舒适、悠闲的空间氛围。装饰用料上崇尚自然元素，不讲求精雕细刻，越自然越好。田园风格的居室还要通过绿化把居住空间变为"绿色空间"，可以结合家具陈设等布置绿化，或做重点装饰与边角装饰，比如沿窗布置，使植物融于居室，创造出自然、简朴的空间环境。

◀ 将自然材质和绿化概念渗透到家居设计的方方面面。

3. 田园风格的分类

　　田园风格并不专指某一特定时期或者区域，它可以模仿乡村生活的朴实、真诚，也可以是贵族在乡间别墅里的世外桃源。发展到当下，田园风格广泛包含了法式田园风格、英式田园风格、美式田园风格、韩式田园风格等。其中法式田园和美式田园又被称之为乡村风格。而英式田园、韩式田园就成为了目前较受欢迎的田园风格。由于受自身环境条件的影响，这些田园风格之间具有很多的共同点，当然，也存在不少差异。

（1）英式田园风格的特点

　　英式田园风格大约形成于 17 世纪末，主要是人们看腻了奢华风，转而向往清新的乡村风格。英式田园风格和其他田园风格一样，会大量使用木材等天然材料来凸显自然风情；同时使用带有本土特色的元素来装点空间，体现出带有绅士感的英伦风范。

◀英式田园风格在体现自然感的同时，也十分利落、清新。

（2）韩式田园风格的特点

　　韩式田园风格没有一个具体、明确的说法，往往给人唯美、温馨、简约、优雅的印象。如果说英式田园风格给人带来的是一种男性绅士感，韩式田园风格则擅于营造女性的柔美感，因此在色彩以及材料的选择上均带有强烈的女性化特征。

▶ 韩式田园风格无论色彩，还是图案，均体现出女性化特征。

4. 田园风格的色彩设计

英式田园风格和韩式田园风格均属于自然系的风格，因此来源于自然的色彩，如大地色系中的本木色、红色、绿色、黄色等在这两种田园风格中使用频率均较高。不同的是这些色彩的使用位置，以及色调的选择会存在一些差异。

（1）英式田园风格的色彩设计

接近于土地和树木外皮的本木色，在英式田园中的出现比例较高，背景色、主角色均会用到；红色、绿色在英式田园中的色调多为暗色调、暗浊色调，常出现在软装布艺之中。

英式田园风格的色彩设计		
本木色	◎ 由于木材使用率非常高，因此本木色也非常常见，常用于软装家具和吊顶横梁的装饰之中，通常是作为主色使用的 ◎ 此种配色方式能增添自然、健康的氛围	
本木色 + 白色 + 绿色	◎ 白色通常用在顶面和部分墙面上 ◎ 绿色通常用在家具、布艺或主题墙部分 ◎ 木色常用来装饰地面，可以凸显出英式田园风格的质朴感	
比邻色点缀	◎ 与美式乡村风格类似的是，英式田园风格中也会用到来源于国旗的比邻配色 ◎ 这种配色的表现比美式乡村更加直观，会直接选择米字旗图案，常用在布艺家具以及抱枕等部位	

（2）韩式田园的色彩设计

韩式田园风格的色彩着重于体现浪漫情调，基本都会大量的使用白色为背景色，本木色在韩式田园中则一般只出现在地面，很少会用到其他配色。在配色中，女性色彩出现的频率较高，如粉色、红色；纯度较高的黄色、绿色、蓝色也会经常出现。

韩式田园的色彩设计	
白色 + 粉色 / 红色	◎ 白色作为主色会大面积的运用于顶面、墙面甚至是家具上 ◎ 粉色 / 红色通常会以图案的方式呈现，用在壁纸、布艺等位置 
白色 + 粉色 / 红色 + 绿色	◎ 此种配色方式源自于自然界中花朵的颜色，是韩式田园的代表配色方式 ◎ 粉色 / 红色以花卉或者带有花朵图案出现最佳，与绿色虽然是对比色组合，却不会觉得刺激 ◎ 粉色 / 红色宜使用低纯度的色调，例如淡浊色调或浊色调 
女性色彩组合	◎ 除了常用的粉色外，大量糖果色、流行色也常用在韩式田园家居中，如苹果绿、柠檬黄、岛屿天堂蓝等 ◎ 这类色彩大多干净、明亮，暗色调的配色不宜出现 

5. 造型、图案在田园风格中的体现

（1）田园风格常见造型

英式田园风格和韩式田园风格造型上存在很大的差异性。其中，英式田园风格无论空间，还是家具的线条均较为平直。而韩式田园风格则讲求曲线趣味，以及非对称法则，门窗上半部多做成圆弧形，吊顶部分有时会用带有花纹的石膏线勾边；空间设计中，则会出现拱形门，以及简洁的罗马柱。

▲英式田园风格的造型，以平直的线条为主。　　　▲韩式田园风格所使用的造型线条灵活多变。

（2）田园风格常用图案

能够彰显自然风情的碎花，甜美的格子图案，以及简洁利落的条纹，均适用于英式田园风格和韩式田园风格。此外，这两种风格依据自身特点在图案选择上也各有特色。例如，彰显英伦风情的米字旗图案在英式田园风格中出现较多；而韩式田园风格中，轻盈与美丽的蝴蝶图案出现频率较高。

◀ 英式田园中运用条纹、米字旗图案来凸显风格。

6. 田园风格中材料的运用

（1）硬装材料的选用

两种田园风格的墙面大多均涂刷纯色乳胶漆，其中英式田园风格多为白色，也会出现绿色、蓝色、淡米黄色等；韩式田园风格则会出现浅绿、淡粉等柔美的色彩。另外，两种田园风格的墙面有时也会出现壁纸、护墙板、木质材料等局部设计。地面材质上，两种风格均适用仿古砖、木地板等亚光材质，避免使用玻化砖等具有光亮感的材质。

◀ *淡米黄色的乳胶漆搭配木地板和布艺家具，体现出了田园韵味。*

（2）软装材料的选用

两种风格均追求自然，因此木材、棉麻材质运用较多。英式田园风格一般将木材大量运用在家具之中，棉麻材质则表现在布艺方面。而韩式田园风格以唯美、可爱著称，除了这两种材质，设计秀美、工艺独特的蕾丝、薄纱材质更能体现出风格特征。

◀ *白色木质材料的使用，增添了温润而又清新的感觉。*

7. 田园风格家具的类别及特征

　　田园风格的家具朴实、亲切，贴近自然，推崇"自然美学"。力求表现悠闲、舒畅。家具是田园风格室内装饰的重中之重，总的来说，田园家具重要的非造型，而是意境，意境的营造主要靠经典的图案，如条纹、碎花以及纯净的原木等。

（1）英式田园家具

　　英式田园家具多为本木色，常用桦木、楸木、胡桃木等做框架，配以高档的环保中纤板做内板，外形质朴、素雅，线条细致、精美。

英式田园家具

（2）韩式田园家具

　　韩式田园家具相较于材质，更加注重形态和色彩。由于韩国人的生活习惯，家具形态往往呈现"低姿"特色，很难发现夸张造型的家具。低矮的家具不仅精致小巧，也可以令家居空间利用更加紧凑。色彩上，象牙白家具、粉色碎花家具、手绘家具都能很好地表现韩式风情。

韩式田园家具

8. 田园风格常见装饰品

两种风格在装饰品的选择上可以分为两个方向，一种为具有自然感的装饰物，如木质相框照片墙、绿植等，可以营造浓郁的田园风情。另一种为带有本土特征的装饰物，如英式田园风格会广泛用到米字图案的小挂件、胡桃夹子士兵、英式风情的下午茶茶具等；而韩式田园的家居中，则常见韩式人偶娃娃、韩国太极扇等；这些装饰品可以在细节处将风格特征发挥得恰到好处。

（1）木质相框照片墙

木质相框常见的材料有杉木、松木、柞木、橡木等，能够体现出强烈的自然风情。英式田园风格可以选择理性图案的画作，如建筑、抽象图案。韩式田园风格适合自然图案的画作，也可以是生活照。

▶木质相框可以很好地表现出自然感，非常适合田园风格的空间。

（2）米字旗装饰

米字旗为英国国旗，作为装饰元素用于家居中，可以彰显风格特征。常见装饰有米字旗抱枕、米字旗地毯、米字旗装饰画等。其本身色彩也可以作为丰富空间配色的元素。

（3）小型绿植盆栽

英式田园风格和韩式田园风格在绿植的选用上，均适合相对小巧一些的绿植。韩式田园风格中还可以摆放多肉植物，其可爱的姿态和风格特征十分相宜。

▲米字旗具有浓郁的英伦气质。

▲绿色的盆栽，既可美化环境，又可强化风格的自然感。

9. 田园风格案例解析

本案例以配色和图案结合的方式来展现英式田园风格的特点。色彩搭配以木本色和同色系的棕色为主色，少量比邻色做点缀，以实木材质为依托展现色彩，凸显出了田园印象；同时又采用了米字旗图案、花朵图案的壁纸和布艺来展现英伦风范。

▲墙面以米色为基调，既有很好的容纳力又不会显得过于直白，同时还具有绅士气质。

◀ 沙发区的家具以深棕色为主，搭配蓝色做调节，具有典型的英式田园特点。沙发上用比邻配色的米字旗靠枕装点，强化英伦气质的同时也平衡了沙发的厚重感。

◀餐厅墙面用大地色系的花朵
壁纸，与质朴的木质家具搭
配，生动地展现出了田园风
格的自然气质。

◀卧室内虽然主题墙和床均为
黑色，但在充足的光照以及
图案的调解下，不仅没有压
抑感，反而非常具有一种高
级的气质。

十二、地中海风格

1. 地中海风格的起源

地中海风格原是特指沿欧洲地中海北岸一线的居民住宅，之后随着地中海周边城市的发展，南欧各国开始接受地中海风格的建筑与色彩，慢慢地一些设计师将这种风格延伸到了室内，并衍生出地中海风格，是海洋风格的典型代表。

2. 地中海风格的设计理念

空间的穿透性与视觉的延伸是地中海风格的要素之一，室内居室强调光影设计，一般通过大落地窗来采撷自然光线。建筑空间内的圆形拱门及回廊通常采用数个连接或以垂直交接的方式，再加上纯美、大胆的配色方案，天然、质朴的材料呈现，整体风格体现出无拘无束、浑然天成的设计理念。

▲地中海风格的室内设计，将地域特点运用到家居设计中。

3. 地中海风格的色彩设计

地中海风格带给人地中海海域的浪漫氛围，充满自由、纯美的气息。色彩设计从地中海流域的建筑特点中取色，配色时不需要太多技巧，只要以简单的心态，捕捉光线、取材大自然，大胆而自由地运用色彩、样式即可。

（1）蓝色系

以蓝色系装点地中海风格有两种方式：一种是最典型的蓝＋白，这种配色源自于西班牙延伸到地中海的东岸希腊；另一种是蓝色与黄、蓝紫、绿色搭配，呈现明亮、漂亮的组合。

蓝色系		
蓝色＋白色	◎ 源自于希腊的白色房屋和蓝色大海的组合，具有纯净的美感，是应用最广泛的地中海配色 ◎ 白色与蓝色组合的组合犹如大海与沙滩，源自于自然界的配色，使人感觉非常协调、舒适	
蓝色＋白色＋米色	◎ 属于蓝白组合的衍生配色，用米色代替部分白色与蓝色组合做主色，与白色和蓝色的组合相比，用米色显得更柔和一些，并且能与白色形成微弱的层次感，使整体配色更细腻	
蓝色＋对比色＋白色	◎ 用蓝色搭配它的对比色，包括黄色、米黄色、红色等，视觉效果活泼、欢快 ◎ 可用黄色或白色做背景色，蓝色做主角色，也可以颠倒过来，而红色主要是做点缀色，与蓝色和白色组合	
蓝色＋绿色＋白色	◎ 此种配色方式仍然是以白色与蓝色为主，加入一些绿色，源自于大海与岸边的绿色植物，给人自然、惬意，犹如置身于海边，使人心情舒畅	

（2）大地色系

此类配色源自于北非地中海海域地区的常见色彩，将北非海岸线特有的沙漠、岩石、泥、沙等天然景观，呈现出浓厚的土黄、红褐等大地色系色调，搭配北非特有植物的深红、靛蓝，散发一种亲近土地的温暖感觉。

大地色系		
大地色系 + 白色	◎ 地中海风格使用的大地色多为土黄色或者褐色，扩展来说还有旧白色、蜂蜜色等 ◎ 色彩源于北非特有的沙漠、岩石、泥土等天然景观的颜色，大地色组合具有亲切感和浩瀚感	
大地色 + 米色	◎ 用柔和的米色与厚重的大地色系组合，具有一些明度对比，但是并不让人感觉激烈，整体效果具有兼容厚重感和温馨感的效果，两种颜色有一部分非常类似，非常具有稳定感	
大地色 + 绿色	◎ 大地色系搭配绿色，是在北非地中海中加入一些田园风格，带有一些混搭气息 ◎ 比起其他风格的此类配色方式，地中海风格中的大地色更偏向红色一些，绿色多作为点缀和辅助	
大地色 + 蓝色 + 白色 / 米色	◎ 大地色系搭配蓝、白 / 米组合，是将两种典型的地中海代表色相融合，兼具亲切感和清新感 ◎ 追求清新中带有稳重感，可将蓝色作为主色，白 / 米色做背景；若追求亲切中带有清新感，可将大地色作为主色。	

4. 造型、图案在地中海风格中的体现

地中海风格无论造型还是图案，均体现出民族性与海洋性。造型方面沿用民居的造型外观，线条十分圆润；图案方面则常见海洋元素，清新而凸显风格特征。

（1）拱形门窗及墙面造型

地中海居民受古罗马与奥斯曼土耳其的影响，非常喜欢在家居墙面上开半圆形或马蹄形的拱形门窗或设计共性造型。甚至会采用数个圆拱连接在一起，在走动观赏中，出现延伸般的透视感。

◀ 连续的圆拱造型，令空间充满通透且灵动的感觉。

（2）浑圆的曲线

由于地中海沿岸的居民对大海怀有浓郁的感情，因此将表现海水柔美而跌宕起伏的浪线广泛地运用到家居设计中来。空间设计上会出现曲线形的隔断墙，形成隔而不断的空间造型；家具线条则少见直来直去，一般均带有弧度，显得自然、独特。

◀ 带有曲度的墙面既分隔了餐厅与楼梯空间，也体现出线条美。

（3）海洋元素图案

最具地中海代表性的图案，莫过于带有海洋元素的类型，包括船、船矛、轮盘、灯塔、游泳圈，以及以各种海洋生物为元素抑或是海景图案。这些元素经常会出现在各类布艺、装饰画及壁纸上。

▲带有灯塔图案的壁纸，强化了室内的海洋风情，也增添了一些趣味性。

（4）伊斯兰装饰图案

这种装饰或风格利用花卉、蕨叶或水果等图案做要素，有时也用动物和人体轮廓或几何图样来构成一种直线、角线或曲线交错、复杂的图案。这种装饰被用在建筑和物品上。在家居空间中最长用蔓叶装饰纹样来展现，极具异域神秘风情，常用在布艺装饰上。

（5）格子、条纹图案

地中海风格具有一定的自然类风格特点，因此适用于田园风格家居中的格子、条纹图案也同样会在地中海风格的家居中出现，通常会用在壁纸、布艺家具以及布艺织物中。

▲伊斯兰图案的窗帘，极具异域风情。

▲条纹图案的布艺沙发，丰富了空间的视觉层次。

5. 地中海风格中材料的运用

　　地中海风格属于自然类风格，多使用带有自然感的材料，如木质材料、仿古砖等；除此之外，还会使用马赛克、铁艺和玻璃，其中做旧的铁艺家具与灯具，可以凸显地中海风情的斑驳感。

（1）蓝、白为主的马赛克

　　马赛克是地中海家居中非常重要的一种装饰材料，通常是以蓝色或蓝色组合白色为主，单独使用或加入其他色彩相拼，常用的有玻璃、陶瓷和贝壳材质。

▶ 用蓝色的马赛克和仿古地砖组合设计地面，极具韵律感和层次感。

（2）仿古地砖

　　地中海风格的家居中，仿古砖不仅仅会用在地面上，还经常会采用菱形拼贴的方式用在背景墙上，来彰显风格中淳朴的一面。

（3）白漆或蓝漆实木

　　实木材料通常会被涂刷上白色或蓝色的混油漆，用在客厅餐厅的顶面、墙面等地方，以烘托地中海风格的自然气息。

▲ 仿古砖地面，彰显地中海风格自然而古朴的一面。

▲ 蓝漆装饰的实木家具，带有浓郁的海洋气息。

6. 地中海风格家具的类别及特征

在为地中海风格的家居挑选家具时，最好为一些比较低矮的家具，可以令视线更加开阔。同时，家具线条以柔和为主，可以用一些圆形或是椭圆形的木质家具，与整个环境浑然一体。材质方面，地中海风格十分偏爱木质和铁艺家具。

（1）布艺家具

地中海风格的布艺家具一般以天然的棉麻织物为首选，且多带有格子、条纹或小碎花图案，以表现自然韵味。

布艺家具

（2）木质家具

地中海风格的木质家具线条简单、造型圆润，与建筑中独特的拱形类似的是，家具通常都带有一些弧度设计；除了会使用原木外，有时还会搭配藤等材料，或涂刷彩色油漆。还常会做一些擦漆做旧处理，搭配贝壳、鹅卵石等其他软装饰，以表现自然清新的生活氛围。

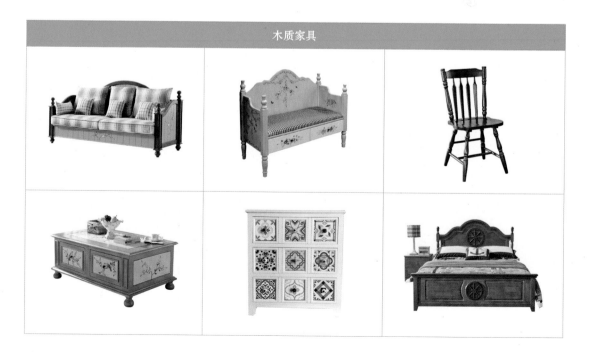

木质家具

7. 地中海风格常见装饰品

地中海风格的典型装饰品，造型方面以表达出风格独有的海洋的特点和美感为主旨，如室内所实用的大多装饰品都具有海洋元素的造型，如船舵、灯塔、海星、鱼、游泳圈等，一切和海洋有关的类型。

材质方面表现为选材的多样化，陶瓷、铁艺、贝壳、树脂、编织或者木质材料均适合，陶瓷和铁艺有时也会做一些仿旧处理。

（1）地中海拱形窗

拱形窗不仅是欧式风格的最爱，用于地中海风格中也可以令家居彰显出典雅的气质，与欧风家居中的拱形窗所不同的是，地中海风格中的拱形窗在色彩上一般运用经典的蓝白色。

▶以拱形窗作为背景墙，其圆润的造型与垭口呼应，带来灵动感。

（2）海洋元素装饰

海洋元素造型的饰品是地中海风格独有的代表性装饰，能够塑造出浓郁的海洋风情，常用的有帆船模型、救生圈、水手结、贝壳工艺品、木雕刷漆的海鸟和鱼类等。

（3）铁艺工艺品

无论是铁艺烛台、钟表、相框、挂件还是铁艺花器等，都可以成为地中海风格家居中独特的风格装饰品，摆放在木制的地中海家具上，能够丰富整体装饰的层次感。

▲做旧的蓝色船舵，具有浓郁的海洋气息。

▲用铁艺挂件悬挂装饰盘，增添了淳朴感和艺术气质。

8. 地中海风格案例解析

本案例为典型的希腊地中海风格，干净的蓝白色搭配，使人仿佛置身于浪漫的圣托里尼画卷之中。使用浅米黄色来丰富配色层次，使空间配色显得更加柔和；再用帆船、船舵、贝壳等海洋元素来凸显风格特征。

▲ 客厅色彩淡雅而经典，为了避免设计上的单调，利用多种材质、丰富的花纹图案，以及线条优美的家具来凸显地中海风格的浪漫、唯美风情。

▲餐厅墙面不仅做了圆拱造型，同时大量摆放或悬挂帆船、贝壳、游鱼等装饰，将地中海风情渲染得十分到位。

▲主卧延续了客厅主空间的配色手法，同时运用木地板来体现空间的天然气息。图案方面既运用了海洋元素，又不乏伊斯兰图案的妆点，为空间增添了更多古典、浪漫的艺术气质。

空间格局

指室内空间的分配与布置

是室内设计中非常重要的一部分

想要让房子居住的舒适

仅仅做装饰是不够的

装饰豪华

只能满足一时的新鲜

若没有一个良好的格局设计

会让人感觉憋闷

甚至会影响身体的健康

因此

在对室内空间进行装饰设计前

应结合居住的人数

居住者的习惯等

先对室内格局进行规划设计

第三章
室内空间格局

第一节

室内空间功能及布局

一、基本功能

1. 室内空间的基本功能

　　一套住宅应具备不同的功能空间，通常包括：睡眠、交流、进餐、烹饪、盥洗与清洁、工作学习、储藏以及户外活动空间等，可以概括为居住、厨卫、交通及其他四个部分。不同的功能空间有其相应的尺寸和位置，但又必须有机地结合在一起，共同发挥作用。

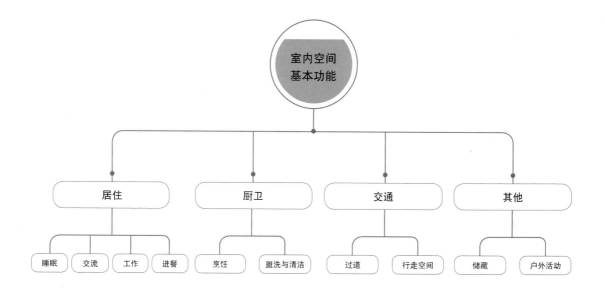

2. 室内空间的功能分区

　　住宅的户内功能是居住者生活需求的基本反映，分区要根据其生活习惯进行合理的组织，把性质和使用要求一致的功能空间组合在一起，避免与其他性质的功能空间相互干扰。但由于住宅平面受到原有户型的影响，功能分区只是相对的，会有重叠的情况，如烹饪和就餐、起居和就餐，设计时可以灵活处理。

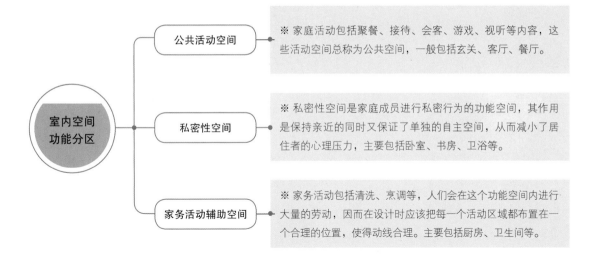

3. 室内空间的功能分区要点

 住宅的户内功能是居住者生活需求的基本反映，分区要根据其生活习惯进行合理的组织，把性质和使用要求一致的功能空间组合在一起，避免与其他性质的功能空间相互干扰。但由于住宅平面受到原有户型的影响，功能分区只是相对的，会有重叠的情况，如烹饪和就餐、起居和就餐，设计时可以灵活处理。

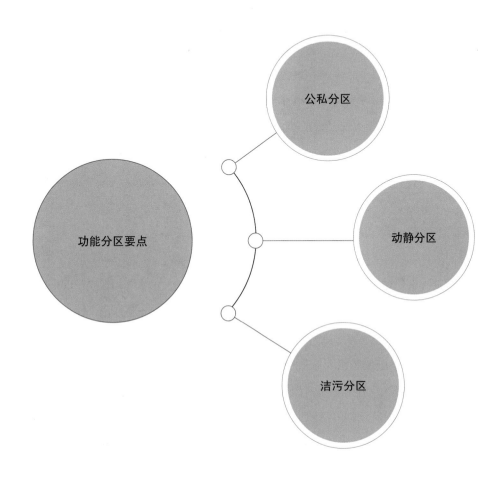

（1）公私分区

公私分区是按照空间使用功能的私密程度的层次来划分的，也可以称为内外分区。一般来说，住宅内部的私密程度随着人口数和活动范围的增加而减弱，公共程度随之增加。住宅的私密性要求在视线、声音、光线等方面有所分隔，并且符合使用者的心理需求。

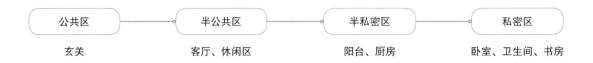

公共区	半公共区	半私密区	私密区
玄关	客厅、休闲区	阳台、厨房	卧室、卫生间、书房

（2）动静分区

户型的动静分区指的是客厅、餐厅、厨房等主要供人活动的场所，与卧室、书房等供人休息的场所分开，互不干扰。动静分区细分有昼夜分区、内外分区、父母子女分区。

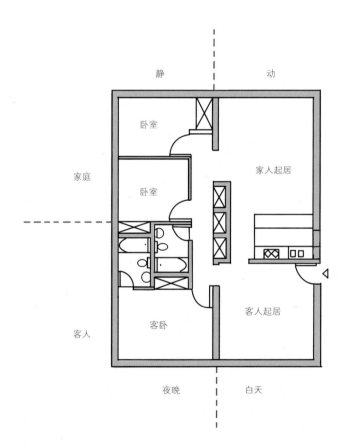

◆昼夜分区和内外分区

昼夜分区：动静分区从时间上来划分，就成为昼夜分区。白天时的起居、娱乐、餐饮活动集中在一侧，为动区。另一侧为休息区域，为静区，使用时间主要为晚上。

内外分区：动静分区从人员上划分可分为内外分区。客人区域是动区，相对来说属于外部空间。主人区域是静区，相对来说属于内部空间。

◆父母子女分区

父母和孩子的分区从某种意义上来讲也可以算作动静分区，子女为静，父母为动，彼此留有空间，减少相互干扰。

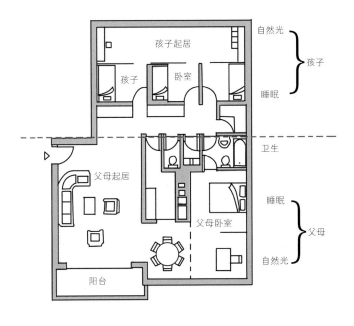

（3）洁污分区

洁污分区主要体现为烟气、污水、垃圾以及清洁卫生区域的分区，也可以概括为干湿分区，即用水与非用水空间的分区。卫生间和厨房都要用水，都会产生废弃物、垃圾，且相对来说垃圾比较多，因而可以置于同一侧。但由于两个空间的功能分区不一致，因此集中布置时要做洁污分区处理。

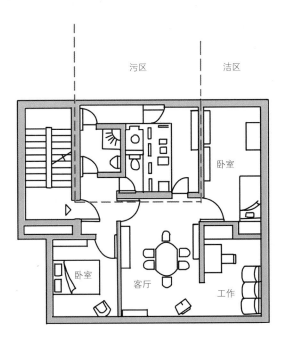

二、常见户型

户型是根据家庭人口构成（如人口规模、户代际数和家庭结构）的不同而划分的住户类型，是为满足不同住户的生活居住需要而设计的不同类型的成套的居住空间。

1. 一居户型

一居室在房型上属于典型的小户型，通常是指有一个卧室、一个客厅、一个卫生间和一个厨房的户型。通常在小空间里组织功能和交通流线，常见于单身公寓。

2. 两居户型

两居室也是常见的一种小户型结构，两室一厅或者两室两厅是比较常见的户型，其特点是户型适中、方便实用，消费人群一般为新组家庭。两个居室可以是卧室或者书房，餐厅和客厅可以合设，可以用帘子、隔断等来进行功能分区。

3. 三居户型

三居室可以归为一种较大户型，基本上为三室两厅，是指有三个居室、一个厅或两个厅、一个或两个卫生间和一个厨房的户型。特点是面积相对宽敞，是常见的大众户型。

4. 四居户型

四居室是一种较大户型，可以满足多代人使用，特点是房间多，四居可以为卧室、书房、娱乐室等，一般面积较大。

5. 五居户型及别墅

五居室一般是指有五间居室，常见于大平层户型和别墅中，适合经济条件好的家庭购买，整体尺度较大，较为宽松。

别墅原是住宅以外的，供游玩休养的园林式住房。当下，别墅已经演化为既能休养也能常年居住的生活用房。别墅与自然比较亲近，有院子或者露台，户内空间面积大，尺度十分舒适。

三、户型布置方式

（1）DK 型

　　DK 型：是厨房和餐厅合用，适用于面积小、人口少的住宅。DK 型的平面布置方式要注意厨房油烟的问题和采光问题。

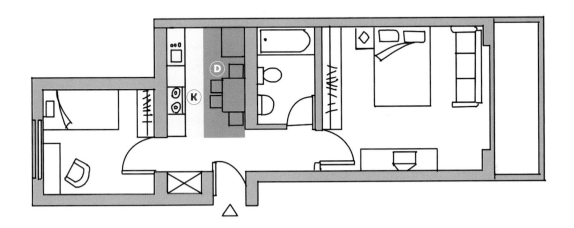

　　D·K 型：是指厨房和餐厅适当分离设置，但依然相邻，从而使得动线方便，燃火点和就餐空间相互分离又隔离了油烟。

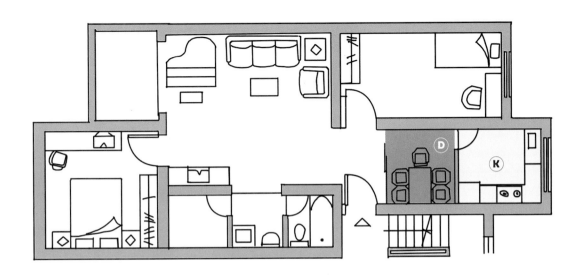

（2）小方厅型（B·D 型）

　　小方厅型是把用餐空间和休息空间隔离，其兼具就餐和部分起居、活动功能，起到联系作用，克服了部分功能空间的相互干扰。但由于这种组织方式有间接遮挡光照、缺少良好视野、门洞在方厅集中的缺点，所以经常在人口多、面积小、标准低的情况下使用。

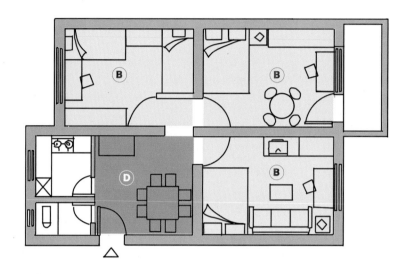

（3）起居型（LBD 型）

　　这种布置方式是以起居室（客厅）为中心，作为团聚、娱乐、交往等活动的地点，相对来说户型面积较大，协调了各个功能空间的关系，使得家庭成员和睦相处。起居室布置方式有三种方式。

　　L·BD 型：这种布置方式中，起居和睡眠是分离的。

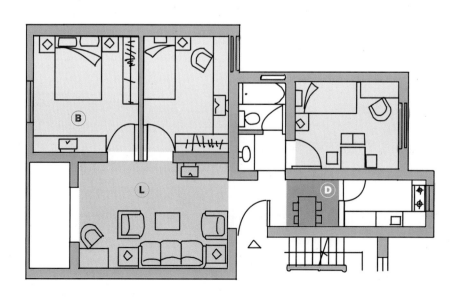

L·B·D 型：这种平面布置方式将起居、睡眠、用餐分离开，各个功能空间干扰较小。

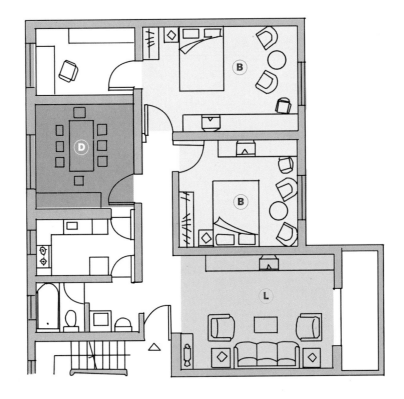

B·LD 型：这种布置方式将睡眠独立，用餐和起居放置在一起，动静分区明确，是目前比较常用的一种布置方式。

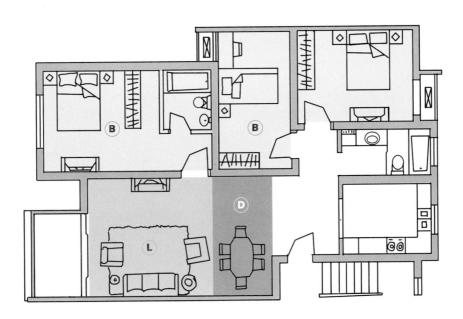

（4）起居餐厨合一型（LDK 型）

　　这种平面布置方式是将起居、餐厅、炊事活动设定在同一空间内，再以此为中心布置其他功能。这种布置方式由于油烟的污染，常见于国外住宅。不过随着油烟电器的进步和经济水平的发展，国内的使用频率也大幅度增加。

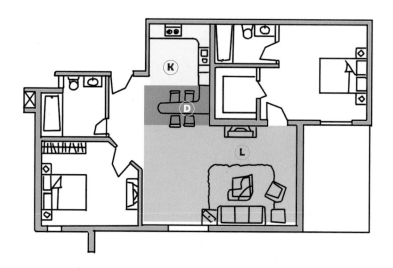

（5）三维空间组合型

　　这种住宅的布置方式是各个功能的分区有可能不在一个平面上，需要进行立体型改造，通过楼梯来相互联系。

　　变层高的布置方式：住宅在进行套内的分区后，将人员多的功能布置在层高较高的空间内，如会客。将次要的空间布置在较低的层高空间内，如卧室。

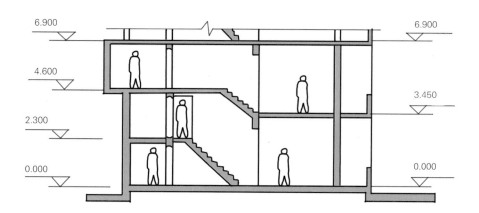

复式住宅的布置方式：这种住宅是将部分功能在垂直方向上重叠在一起，充分利用了空间。但需要较高的层高才能实现。

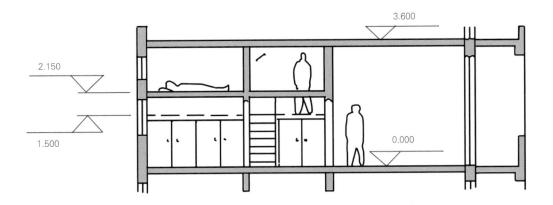

跃层住宅：跃层是指住宅占用两层的空间，通过公共楼梯来联系各个功能空间。而在一些顶层住宅中，也可以将坡屋顶处理为跃层，充分利用空间。

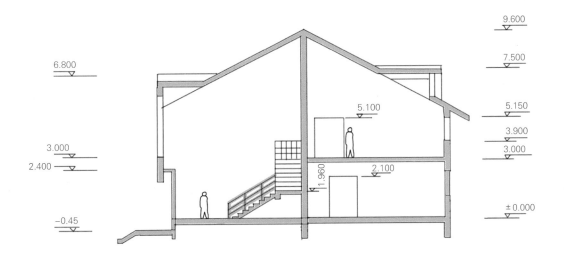

第二节
主要功能空间的分区

一、客厅

客厅的主要功能是满足家庭公共活动的需要，其设计的要点是以宽敞为原则，注意家具尺度，通过人体动作域确定家具的位置，体现舒畅之感。

客厅或者起居室是家庭的核心地带，其主要功能是团聚、会客、娱乐休闲。也可以兼具用餐、睡眠、学习功能，但要有一定的区分。

客厅笼统地来讲是起居室的一部分，绝大多数情况下，这两个功能合设。

● 客厅
客厅强调的是家庭和外部的社交关系。

● 起居室
起居室强调的是家庭内部的交往活动。

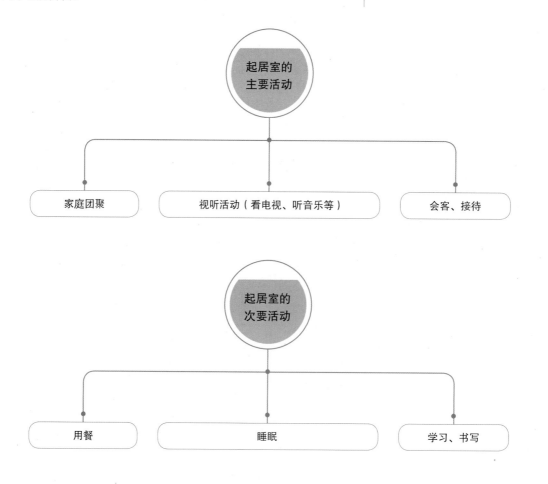

起居室的主要活动
- 家庭团聚
- 视听活动（看电视、听音乐等）
- 会客、接待

起居室的次要活动
- 用餐
- 睡眠
- 学习、书写

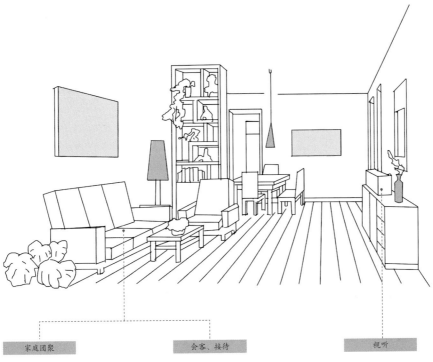

家庭团聚

客厅首先是家庭成员团聚交流的场所，这是客厅的主要功能，往往通过家具来构成一个区域，一般处于中心区域。

会客、接待

现代的会客空间位置比较随意，往往和家庭聚谈空间合并设置，有时也会开辟一片小空间单独设置。

视听

现代的视听装置一般包括电视机、音响，根据消费人群的不同，也会有投影设备、VR 等。视觉设备要避免逆光和反光影响观感。听觉设备的使用感受则取决于设备的质量、位置以及人的听觉系统。

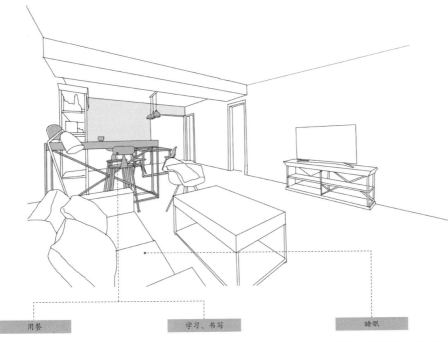

用餐

在一些小户型中，餐厅和客厅可以合并设置，一般采用虚隔断、屏风、植物等灵活分割。

学习、书写

在客厅中也可以进行阅读，一般时间短，位置不固定。

睡眠

客厅的坐具可用作小憩的场所，为人们提供舒适的空间休息。

二、餐厅

餐厅的功能分区相对来说很简单，核心功能是就餐，次要功能是家庭成员之间的交谈空间及厨具或者食品的储藏空间。

用餐

餐厅最主要的作用是供家庭成员用餐，餐桌和餐椅是构筑餐厅的重要组成部分，是餐厅布置的关键。

交谈

餐厅还有供家人聚会交谈的功能，成员之间可以边吃边聊，有助于家庭关系和谐发展。

储物

餐厅的储物功能也是重要的一点。在餐厅中，餐桌无疑是最方便的储物类型，但在应用时要注意防止过于杂乱导致就餐环境不舒适。如果空间够大，还可以采用餐边柜，达到整齐的收纳效果。

三、卧室

根据居住者和房间大小的不同，卧室内部可以有不同的功能分区，一般可以分为睡眠区、更衣区、化妆区、休闲区、读写区、卫生区。

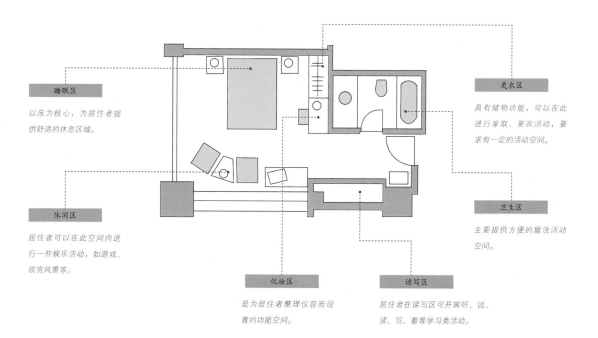

睡眠区

以床为核心，为居住者提供舒适的休息区域。

更衣区

具有储物功能，可以在此进行拿取、更衣活动，要求有一定的活动空间。

休闲区

居住者可以在此空间内进行一些娱乐活动，如游戏、欣赏风景等。

卫生区

主要提供方便的盥洗活动空间。

化妆区

是为居住者整理仪容而设置的功能空间。

读写区

居住者在读写区可开展听、说、读、写、看等学习类活动。

四、厨房

厨房里的布局是顺着食品的贮存、准备、清洗和烹饪这一操作过程安排的，应沿着三项主要设备即炉灶、冰箱和洗涤池组成一个三角形。因为这三个功能通常要互相配合，所以要安置在最适宜的距离以节省时间和人力。这三边之和以 3.6~6m 为宜，过长和过短都会影响操作。

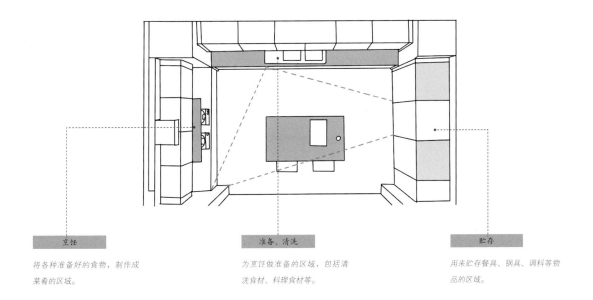

烹饪
将各种准备好的食物，制作成菜肴的区域。

准备、清洗
为烹饪做准备的区域，包括清洗食材、料理食材等。

贮存
用来贮存餐具、锅具、调料等物品的区域。

五、卫浴

卫浴空间在家庭生活中是使用频率最高的场所之一，不仅是人解决基本生理需求的地方，而且还具有私密性，因而要时刻体现人文关怀，布置时合理组织功能和布局。

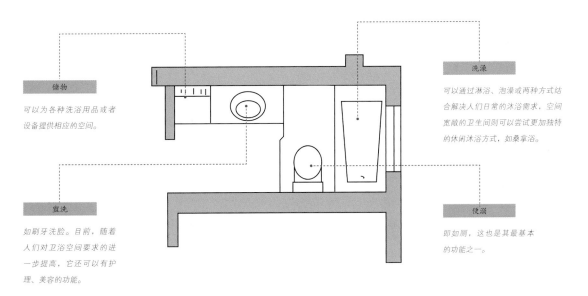

储物
可以为各种洗浴用品或者设备提供相应的空间。

洗澡
可以通过淋浴、泡澡或两种方式结合解决人们日常的沐浴需求，空间宽敞的卫生间则可以尝试更加独特的休闲沐浴方式，如桑拿浴。

盥洗
如刷牙洗脸。目前，随着人们对卫浴空间要求的进一步提高，它还可以有护理、美容的功能。

便溺
即如厕，这也是其最基本的功能之一。

缺 陷 户 型 的 优 化 手 法

一、采光不理想

1.户型特点

采光不理想的户型，直白的理解就是白天室内的光线不足，让人感觉昏暗，导致此情况出现的原因有以下几种：

①室内窗的数量较少，仅靠一侧采光，使进入的光线无法满足需求。

②有不利隔墙阻挡，遮挡了部分进入室内的光线，如老房中常见的门联窗、阳台墙垛等。

③因空间面积较大，部分区域没有直接光照，而导致该区域比较昏暗。

④楼区的楼间距小且所在楼层过低，光线被前后楼遮挡。

⑤窗的面积过小，室内进入的阳光有限。

⑥室内装修使用较多的深色材料，光线被大量吸收，从视觉上显得昏暗。

2.产生的影响

如室内采光不好，可能会影响人的心理和生理健康。昏暗的室内环境，除了会影响视力外，还会影响健康，特别是老人和孩子，儿童处于身体发育阶段，阳光中的紫外线能帮助孩子身体里合成钙，强壮骨骼；老人大多存在骨质流失的问题，多晒太阳能在一定程度上预防骨质疏松症。阳光对骨骼的好处，人工照明是替代不了的。

另外，采光对于心理健康的促进作用也是不可忽视的。与一间能看到外面风景的房子相比，一间没有窗的房子，即使灯光再明亮，时间长了人也会觉得压抑，因为缺少了与外界的交流。在冬季，阳光照射本来就少，如果在采光差的房间呆久了，人还容易患上季节性抑郁症，其原因就是人体生物钟不适应日照时间缩短的变化，导致情绪与精神状态的紊乱。

3.优化方法

（1）实质性调节方法

实质性调节根据弧形的特点，处理方式可分为两大类：一是改变墙体。例如将室内阻挡光线的不利隔墙完全拆除，变成完全开敞式的空间，来增加采光，如果该部分墙体围合的部分需要具有一定的隔音效果，也可将部分墙体换成玻璃推拉门或玻璃隔墙；二是将小窗换成大窗，来增加光线的进入面积，进而使室内变得更明亮。

此两种处理方式，需要注意结构上的安全性，承重墙一般来说不可拆除，若需拆除，应保证安全性。

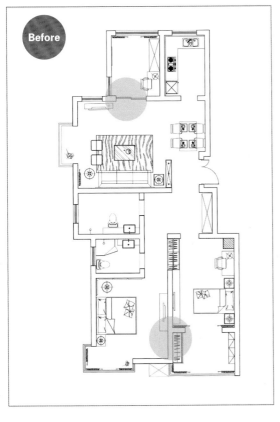

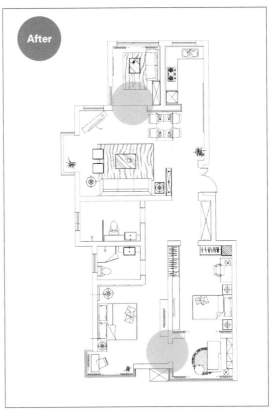

▲此户型采光方面有两个问题：阳台与客厅之间的隔墙，影响客厅采光；主卧室与休闲阳台之间的隔墙降低了空间的通透性。通过去掉客厅与阳光房之间的隔墙及推拉门，将主卧室与阳台之间的墙面部分打通，安装一个门，来分别改善室内采光，使空间更为通透。

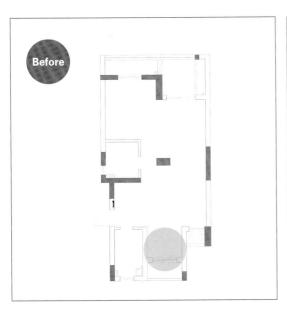

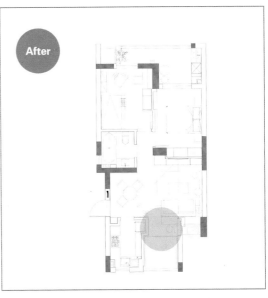

▲书房中入口的一侧墙面为实墙，影响过道采光，形成阴暗空间。将书房原有的隔墙砸掉，改成玻璃推拉门，使过道空间更为开阔、明亮，还可以根据需要而开合，或让空气流通，或保持安静。

（2）非实质性调节方法

　　采光不佳的空间，可以选择明度高一些的色彩来装饰顶面和墙面，地面的色彩明度可比墙面略低一点，与顶面和墙面形成反差，增加一些明快的感觉。

　　若同时在图案方面予以搭配效果会更好。如顶面搭配大块面为主的吊顶或不做吊顶，墙面为素色或暗纹类型材料，可搭配几幅醒目的装饰画丰富层次，地面选择暗纹式、小纹理、排列有秩序感图案的。

◀室内紧靠顶窗采光，墙体部分没有窗，因此配色以白色搭配浅木色为主，空间显得宽敞、明亮。

▲公共区紧靠一侧窗采光，使用大块面吊顶搭配素色墙面和暗纹式的木地板，通过秩序感营造出了简洁、明亮的感觉。

二、格局不方正

1. 户型特点

方形的格局无论从使用还是装饰方面来讲，都是比较好利用的，格局方正，也就是指房间呈现方形或接近方形的弧形。指房间内存在非方形的情况，即为格局不方正，通常有以下几类：

①房子格局歪斜，有明显的斜向墙壁。

②墙体位置不合理，部分位置呈现多变形。

③两面或多面墙壁倾斜，导致部分位置出现三角形。

④室内拐角部分过多，无法利用空间。

⑤从平面图上看，某部分存在缺失问题，与其他功能区相隔较远，可能紧靠走廊连接。

⑥房间内存在较大的弧线形，其他墙面宽度较短。

⑦因房间内有大的拐角，使整体布局呈现刀把形。

2. 产生的影响

（1）空间面积造成浪费

不方正的户型通常都会存在弧线或斜角，在空间利用上不宜分隔有效空间，容易造成实际面积的损失和浪费。

（2）提高家具成本

现在大多数的家具都是方正的，为了配合格局不方正的空间，充分利用空间面积，就需要进行家具的定制，提高成本，且若以后需要更换房子时，这些定制的家具无法利用，也会造成成本的浪费。

（3）影响居住体验

当格局不方正时，在居住心理学上来讲，会给人以不积极的暗示，且空间本身不规整，生活起居方面的舒适感会降低，也会造成一些空间原有工能的混乱，如干湿分区、动静分区不明显等。

（4）改造成本高

为了不影响居住体验，当购买了不方正的房子后，通常需要通过特别的手段来予以处理，而通常这些方式装修公司收费都会比正常装修要高，无形中就会增加成本。

3. 优化方法

（1）实质性调节方法

对不方正的格局进行实质性调节时，需要结合户型的特点来进行，最常用的方式是拆除方位不正确的隔墙，将格局变得方正。

但此种优化方法并非适合所有的户型，如因承重墙而形成的三角形、弧形、多变形等，则无法通过拆除来改造，就需要借助非实质性的调节方法来改善。

▲原户型中的主卧室形状为 L 形，形成了众多不好利用的畸零空间，客厅的格局也十分不规整。将一道隔墙拆除，改变卧室门的位置，主卧室的形状即刻变得十分方正，并且形成一块较大的区域，作为书房之用。

（2）非实质性调节方法

　　不方正的格局，非实质性的调节方法主要是定制家具，将倾斜的边用家具改为类似方形，使室内空间尽量看起来成方形即可。如果不规则房屋较大，可以考虑用隔墙分隔成两个空间，使房间内的大部分保持方形，而后再依靠摆放家具进行规整，提高空间内的利用率和使用方面的舒适感。

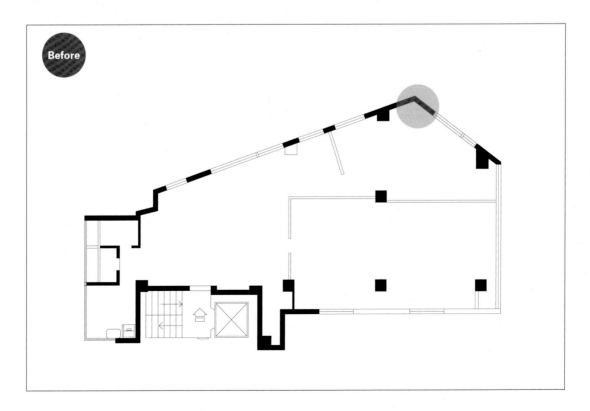

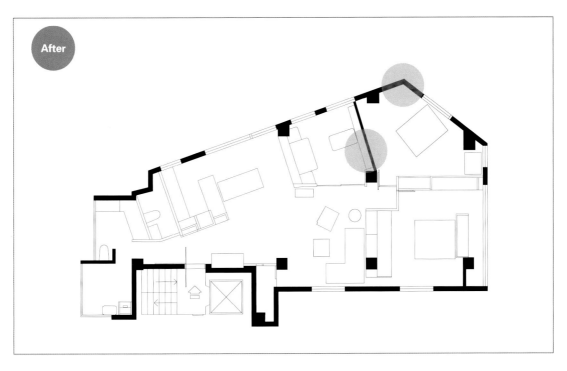

▲原户型呈现出极不方正的五边形格局，导致内部空间格局配置相当棘手。改造时，首先依据空间中突出的柱体来找平空间平面，营造出规整空间，而后通过隔间和家具配置尽可能将空间感拉正。

　　在通过家具等方式来调节格局的不方正之处外，还可以辅助以色彩或材质来进一步弱化不方正之处。对于有斜面或不规则之处墙面的空间，可仅对成直线的主题墙部分进行重点装饰，其他墙面弱化处理，全部图刷成一种色彩；或者还可以利用有延伸感和混淆视线的图案，将缺陷墙面与正常墙面连接，如横向条纹图案。

▲仅床头墙涂刷绿色，以吸引人的视线，进而弱化对面的不规则部分。

三、空间狭长或狭小

1. 户型特点

房间内的长宽比例为 1：1 或 1：1.5 左右为适合的比例，不仅空间好利用，居住感受也会更好，若长宽比例相差太多，就会形成狭长会狭小的空间，此类户型通常具有以下几种特点：

①客厅和餐厅连在一起，而形成了狭长的空间。

②客厅面积被其他空间挤压，成为狭长空间。

③整个房屋都呈现为狭长型，犹如火车车厢，因房间分布而挤压出特别狭长的过道。

④厨房面积被挤压，形成了条状的狭长型。

⑤某一个卧室被挤压成窄且长的狭长型。

2. 产生的影响

（1）采光差

格局狭长的户型或房间，通常紧靠一面窗采光，或者空间内也可能完全没有窗，而需要借助其他空间的光线来采光，因此通常采光都较差。

（2）通风差

室内的自然通风主要依靠窗，当窗进入的空气不能形成对流时，势必会影响室内的通风，长此以往，室内空气无法进行完全交换，甚至还会对健康产生影响。

（3）动线长

狭长空间会增加室内动线的长度，降低使用的舒适感。

（4）空间拥挤，布局难

长条形的房间，一般都比较狭小，难以摆放过多的家具，为布局增加了难度。

（5）收纳空间有限

由于无法布置过多的家具，收纳空间理所当然会减少。

3. 优化方法

（1）实质性调节方法

当墙体无法进行改造时，可根据实际情况，在条件允许的前提下，扩大窗户面积，增加采光，从视觉上让狭长空间显得更明亮。当狭长部分因隔墙而产生时，可将此部分隔墙拆除掉，而后对空间内部的功能区重新进行规划，使布局合理。

（2）非实质性调节方法

色彩调节：空间内的长宽比例相差很多时，窄墙面可选前进色来缩短空间的距离。或者整个空间均以浅色调为主，在视觉上增加开阔感，弱化长宽比例的差异。若觉得单调，可采取跨越墙面的一体式转折方式，使用一些跳跃的彩色，来转移视线。

图案调节：在短墙使用横向的图案或长墙面使用竖向的图案，用视错觉做视觉上的比例调整。

家具调节：家具的选择上，可多使用多功能家具，例如带有收纳功能的茶几。除此以外，大件家具要显眼，零碎的摆件尽量少用。定制的内嵌式或者悬挂式家具可以留出更多的地板空间，开拓视觉角度。

分区调节：对于较为宽敞的狭长区域，如客厅或卧室等，可以用隔断或家具分隔出一部分其他功能的区域，如增加书房、增加休闲区等。

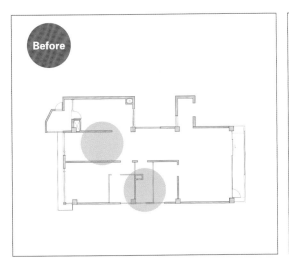

▲原有客厅面积较大，但为长方形格局，家具怎么放置，都不方便使用；客厅对面的非承重墙隔出的空间既狭长，又不方便使用，利用率很低。利用家具将客厅合理分区后，单一的功能区域具备了多功能性，同时也化解了狭长格局的尴尬；将原有的隔墙拆除，借用了一部分厨房空间，使狭长区域消失，同时还多出一间卧室，方便使用。

▲通过半隔断间隔处学习区，改善空间的狭长感。

▲浅色调增加开阔感，弱化狭长感。

四、功能分区不合理

1. 户型特点

　　此类户型多为原有建筑结构规划问题，使本应临近的功能区相隔甚远，为使用功能方面添加了极大的麻烦，通常有以下几种情况：

　　①餐厅和厨房的距离较远，或动线不顺畅，运送菜品需要走较长的距离。

　　②客厅面积小于卧室，且位于整个房子的阴面，采光差。

　　③动静分区不明确，动区中包含着静区或静区中包含着动区。

　　④卧室和更衣间的距离较远，储物和使用不便利。

　　⑤洗衣区和晾晒区距离太远，需要横跨多个功能区。

　　⑥厨房和卫生间距离较远，无法实现整个房子的干湿分区。

2. 产生的影响

（1）影响动线

　　房子住着是否舒适，很大程度上取决于户型动线。有时候买菜回来可能需要穿过整个客厅才能进到厨房，有时候晾晒衣物需要横穿整个客厅，有时候晚上起来上厕所要摸半天才到卫生间，这些都是因为分区不合理而导致的动线问题，会使人感觉非常劳累，降低居住的舒适感。

（2）动静无法分区

　　动区主要包括客厅、餐厅、厨房等，是人们活动较频繁的区域，应该靠近入户门设置，尤其是厨房；静区包括卧室、书房等，主要供居住者休息，相对比较安静，应尽量布置在户型内侧。动静分离，一方面能使会客、娱乐或者做家务的人放心活动，另一方面也不会过多地打扰休息和学习的人，减少相互之间的干扰。若分区不明确，则达不到这些目的，反而会扰乱生活秩序。

（3）干湿无法分区

　　厨房是生活中最主要的污染源，噪声、油烟油污、清洗污水等集中于此，因此，厨房的布置要尽可能地靠近入户门。厨房和卫生间是房子里水管的集中地，从施工成本、能源利用、热水器安装等角度考虑，厨房都应该和一个卫生间临近。若两者距离较远，从成本和使用上来讲都不合理。

3. 优化方法

（1）实质性调节方法

　　当相邻的区域因门的方位或隔墙的阻挡而导致动线混乱，使分区不合理时，可以更改门的方位或将隔墙拆除，来减少行走的距离，使动线更舒适。

（2）非实质性调节方法

　　对于功能不合理的户型，除改动墙体外，还可辅助以功能区互换、改变功能区的功能性等方式来使动线更合理，这种方式主要可通过家具的布置来实现。

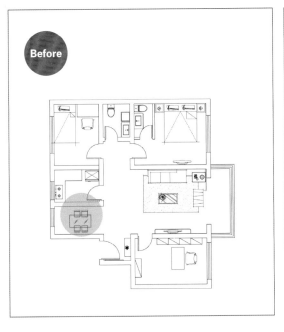
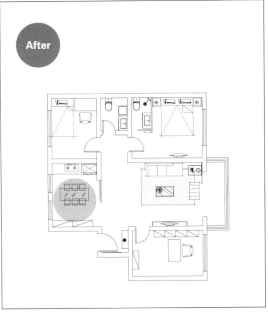

▲原有户型中餐厅与厨房之间运用隔墙进行分隔，虽然有效做了空间分区，但两个空间的面积均较为狭小，且上菜的动线较长。将厨房与餐厅之间的隔墙砸掉，使两个原本显得拥挤的空间变成一个宽敞的空间；同时大大缩减了上菜的动线距离。

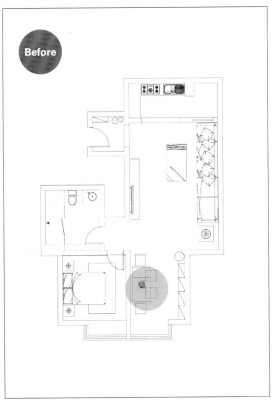
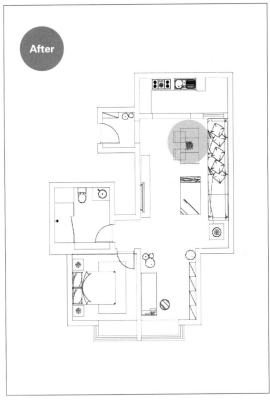

▲原有餐厅距离厨房较远，造成了上菜时的行走动线过长，影响生活的便利性。根据就近布置的原则，将餐厅移到了客厅之中，令上菜等活动更为方便；同时将原来的餐厅规划为书房，增加了空间的功能性。

五、空间缺乏隐私

1. 户型特点

此类户型非常常见，缺乏隐私即进入入户门站在门口没有任何阻挡，一眼看到底，通常有以下几种类型：

①有独立的玄关区，但玄关一敞到底，直接对着客厅，之间无任何间隔。

②无完善的玄关空间，进门后即为餐厅，且餐厅与客厅相连。

③卫浴间卫浴比较明显的位置，且门正对客厅区域，开关门时客厅可看到内部。

④小户型，中间无任何隔断，进门后一眼可看到客厅和卧室。

⑤入户门位于客厅和餐厅之间，两边均无任何"依靠"，站在门口两侧均可一望到底。

⑥卧室和卧室临近或位置过近。

⑦卧室门在电视墙一侧，开门后，人在客厅即可看到卧室内的情况。

2. 产生的影响

缺乏隐私性的户型，令居住者缺乏安全感，特别是当楼道内有人行走时，若家中有人开门，行走的人就可以看到室内的情况，若有客人来到时，进门即可看到客厅甚至是卧室，也会使在房间内的人感觉困扰，长此以往，会让人缺乏安全感，对心理健康产生影响。

缺乏隐私性的户型，进门后通常没有缓冲区，在室内的人，容易突然受到开门的惊扰，尤其是对老人和孩子来讲，易受到惊吓，而影响生理健康。

3. 优化方法

（1）实质性调节方法

建立隔墙：对于面积较宽敞、采光较好的空间来说，若因缺乏玄关而导致缺乏隐私，可以通过建立隔墙的方式来增加隐私性。如在门口间隔出一个独立的玄关，使进门后有一个缓冲空间，来保障室内的隐私性。若觉得实体墙阻隔光线不够通透，可以使用透光不投影的玻璃或类似的材料来制作隔墙。

更改门的方向：如因房间门的方向而导致出现缺乏隐私的问题，则可将门更改方向，使其面向人少的一侧，来保障使用方面的隐私性。

增加门或玻璃隔断：卧室和客厅相连而没有阻挡的小户型，可以通过安装推拉门、折叠门或隔断等方式来阻隔视线。隔断可以使用半透明或全透明玻璃，也可使用小方柱等造型，全透明隔断或半镂空的隔断，可在房间内部加装帘。

（2）非实质性调节方法

家具调节：因户型分布、面积、采光等原因不方便增加隔墙的户型，可以将柜子放置在门与需要阻隔实现的区域之间，上半部分设计成隔断的形式，来阻挡一部分视线；或者也可以多摆放装饰品的家具，即可阻挡视线又可美化环境，增加艺术感。

软装调节：若门的位置无法移动，则可在门的上部分安装软性门帘，选择与室内风格相符的色彩和类型，在阻挡视线保护隐私的同时，还可兼具装饰性。

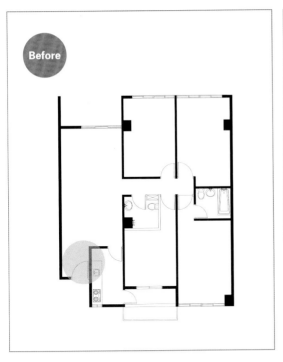

▲缺少完善的玄关设计，导致进门处凌乱的鞋子蔓延到餐厅；而位于门口的餐厅造成了室内动线不顺畅，直接影响公共活动空间的宽敞性。在玄关与餐厅之间运用彩绘玻璃屏风作为内外区域的介质，有效遮挡了室内环境，同时也具备装饰效果。彩绘玻璃屏风同时也可用端景墙来替代。

▲用隔墙间隔出独立的玄关，保证室内的隐私性。

▲客厅与卧室之间用隔断加帘的方式，保证隐私性。

不同时代的生活方式

对室内空间提出了不同的要求

正是由于人类不断改造

和现实生活紧密相联的室内环境

使得室内空间的发展变得永无止境

并在空间的量

和质量方面充分体现出来

内部空间的作用

不仅在于供人使用

还在于它具有很强的艺术表现力

而这种表现力

则需要依靠对界面的处理

来体现

恰当的界面处理

也能为后期的装饰提供一个坚实的基础

第四章

室内空间界面处理

第一节

认识空间界面

一、概念

1. 空间界面的概念

　　室内空间的大小、形状、类型及室内环境均是由室内空间的围合面，即地面、墙面和顶面三部分围合而成，人们将其称之为空间界面。室内界面设计的好坏，对于空间的美观、实用、安全、舒适及整体环境氛围，都有着重要影响。

▲地面应具备实用性和美观性。

（1）地面

　　地面是指室内空间的底面。地面由于与人体的关系最为接近，作为室内空间的平整基面，是室内空间设计的主要组成部分。因此，地面设计应功能区域划分明确，在具备实用功能的同时应给人以一定的审美感受和空间感受。

（2）墙面

　　墙面是指室内空间的墙面（包括隔断）。墙面是室内外空间构成的重要部分，对控制空间序列，创造空间形象具有十分重要的作用。

▲墙面控制空间序列、创造形象。

（3）顶面

　　顶面即室内空间的顶界面。一个顶面可以限定它本身至底面之间的空间范围，室内空间的上界面，室内空间设计中经常采用吊顶来界定和改造空间。在空间设计中，这个顶面非常活跃，正由于活跃的顶面因素，为人们提供了丰富的顶面。在空间尺度上，较高的顶棚能产生庄重严肃的气氛，低顶棚设计能给人一种亲切感，但太低又使人产生压抑感。好的顶面设计犹如空间上部的变奏音符，产生整体空间的节奏与旋律感，给空间创造出艺术的氛围。

▲顶面设计可营造节奏感。

二、界面要求与功能特点

1. 界面设计要求

进行室内设计时，对底界面、侧界面、顶界面等各类界面的设计应满足安全、健康、实用、经济和美观的要求，具体如下：

①无毒，主要指散发气体及触摸时的有害物质低于核定剂量，并具有无害的核定放射剂量。

②满足耐久性及使用期限要求。

③具有一定的耐燃及防火性能，应尽量采用不燃及难燃性材料，避免采用燃烧时释放大量浓烟及有害气体的材料。

④在建筑物理方面，界面还应具有保温隔热、隔音、防火、防水的作用。主要是按照各类功能空间的具体需要及相应的经济条件来进行考虑和选择。

⑤易于制作安装和施工，便于更新。

⑥相应的经济要求，如构造简单、方便施工、经济合理。

⑦装饰与美观要求。

2. 各类界面的功能特点

地面：地面要满足防滑、防水、防潮、防静电、耐磨、耐腐蚀、隔声、吸声、易清洁的功能要求。

墙面：墙面要具有挡视线，较高的隔声、吸声、保暖、隔热的特点。

顶面：顶面要满足质轻、光反射率高，较高的隔声、吸声、保暖、隔热的功能要求。

◀ 在进行室内设计时，各界面首先应满足功能特点，而后再考虑美观方面的需求。

第二节

界面架构工法与用材

一、界面架构的形态与工法

1. 顶界面

顶棚作为空间的顶界面，最能反映空间的形态及关系。设计时应根据空间的构思立意，综合考虑建筑的结构形式和技术条件，来确定顶棚的形式和处理手法。

顶棚随空间特点的不同有各式各样的处理手法。从与结构的关系角度，一般分为显露结构式、半显露结构式和掩盖结构式。其中，后两种形式主要通过吊顶设计来完成，前两者与后者相比，既节约材料和资金，又可以达到美观和环保的效果，因此应用较广泛。

顶界面架构形态

显露结构式： 顶棚完全暴露空间结构和设备的做法，是近现代建筑所运用的新型结构。在工业风格的空间中，极为常见。

半显露结构式： 将顶棚设计和结构（设备）巧妙地相结合，在重点空间上部或需遮挡设备等部位做部分吊顶，也就是常说的局部式吊顶。

掩盖结构式： 采用完全吊顶的顶棚处理方式，也就是完全不露原有顶面和结构（设备），工法较为复杂，对房间的高度有要求。

显露结构式	半显露结构式	掩盖结构式

2. 底界面

　　地面作为空间的底界面，是以水平面的形式出现的。由于地面需要用来承托家具、设备和人的活动，因而其显露的程度是有限的。从这个意义上讲，地面给人的影响要比顶棚小一些。但从另一角度看，地面又是最先被人的视觉所感知，所以它可以直接影响室内气氛。

　　地面的造型主要通过地面凸、凹形成有高差变化的地面，而凸出、凹下的地面形态可以是方形、圆形、自由曲线形等，使室内空间富有变化。另一种是通过地面材质或图案的处理来进行地面造型设计，这种造型是平面式的，图案可设计为抽象几何形、具象植物和主题式等。

▲抬高部分地面，形成立体造型。

▲材质和图案组合，形成平面造型。

3. 侧界面

　　墙面造型或形态设计最重要的是虚实关系的处理。一般门窗、漏窗、垭口为虚，墙面为实，因此门窗与墙面形状、大小的对比和变化往往是决定墙面形态设计成败的关键。墙面的设计应根据每一面墙的特点，或以虚为主，虚中有实，或以实为主，实中有虚。应尽量避免虚实各半、平均分布的设计方法。

　　可以通过墙面图案的处理来进行墙面造型设计，如对墙面进行分格处理，使墙面图案肌理产生变化；或采用墙纸和面砖等手段丰富墙面设计；还可以通过几何形体在墙面上的组合构图、凹凸变化，构成具有立体效果的墙面装饰。

▲通过柱体、垭口的设计实现虚实结合。

▲墙面造型设计。

二、界面装饰材料选用

1. 界面装饰材料的选用原则

（1）适应室内使用空间的功能性质

对于不同功能性质的室内空间，需要由相应类别的界面装饰材料来烘托室内的环境氛围，例如文教、办公建筑的宁静、严肃气氛，娱乐场所的欢乐、愉悦气氛，与所选材料的色彩、质地、光泽、纹理等密切相关。

（2）适合建筑装饰的相应部位

不同的建筑部位，相应地对装饰材料的物理、化学性能，观感等的要求也各有不同。例如对建筑外装饰材料，要求有较好的耐风化、防腐蚀的耐侯性能，由于大理石中主要成分为碳酸钙，常与城市大气中的酸性物化合面受侵蚀，因此外装饰一般不宜使用大理石；又如室内房间的踢脚部位，由于需要考虑地面清洁工具、家具、器物底脚碰撞时的牢度和易于清洁，因此通常需要选用有一定强度、硬质、易于清洁的装饰材料，常用的粉刷、涂料、壁纸或织物软包等墙面装饰材料，都不能直落地面。

（3）符合更新、时尚的发展需要

由于现代室内设计具有动态发展的特点，设计装修后的室内环境，通常并非是"一劳永逸"的，而是需要更新，讲究时尚。原有的装饰材料需要由无污染、质地和性能更好的、新颖美观的装饰材料来取代。界面装饰材料的选用，还应注意"精心设计、巧于用材、优材精用、一般材质新用"。

▲ 室内界面的装饰材料，应满足功能性、进驻部位的特点以及时尚性需求。

2. 装饰材料的质地

室内装饰材料的质地，根据其特性大致可以分为：天然材料与人工材料、硬质材料与柔软材料、精致材料与粗犷材料。如抛光处理的大理石，就属于天然硬质精致材料。

天然材料中的木、竹、棉、麻、藤等材料给人以亲切感，室内界面若采用此类材料做装饰，能够使人具有回归自然的感觉；而各种石材，经过抛光处理后，则可营造出华丽、时尚的氛围。

在具体选择界面的材料时，可结合选用原则和材料的质感来确定设计方案。

▶ 使用自然材料装饰的空间，具有淳朴而自然的韵味。

人体工程学作为设计基础

是建筑、室内设计专业的必修课程

其内容主要包括人体工程学基本理论

人体工程学应用等方面

通过了解人的生理

心理特征

进行更好的

更人性化的设计

人体工程学的内容

对于设计人员来说是一项基本功

在实践过程中

对于处理基本的设计基础问题

大有裨益

是提高空间想象力

把握比例尺寸的必备法宝

第五章

室内设计与
人体工程学

第一节

认识人体工程学

一、起源和发展

在我国，人体工程学（Ergonomics）又称为人机工程学、人类工效学。国际工效学联合会把它定义为：一门研究人在工作环境中的解剖学、生理学、心理学等诸方面因素，研究人—机器—环境系统中相互作用着的各组成部分（效率、健康、安全、舒适等）如何达到最优化的学科。室内设计的人体工程学是以人为主体，通过研究人体生理、心理特征，研究人与室内环境之间的协调关系，以适应人的身心活动需求，取得最佳的使用效能，其目标是安全、健康、高效能和舒适。

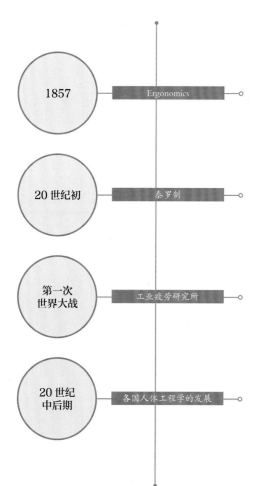

1857 — Ergonomics
根据文献记载，波兰教授雅斯特莱鲍夫斯基在1857年把人类工程学这一概念写入到文献之中。

20世纪初 — 泰罗制
20世纪初，美国人泰罗设计了一套提高工人生产效率的方法，核心理论是科学化、标准化，使得工作省力、高效，这也是有关人类工效学最早提出的科学理论

第一次世界大战 — 工业疲劳研究所
为了配合第一次世界大战中的生产任务，英国率先成立了工业疲劳研究所，来减少疲劳、提高工效。

20世纪中后期 — 各国人体工程学的发展
1950年 英国成立世界上第一个人类工效学协会，其名称为英国人类工效学协会。

1957年 美国创办了人的因素学会。

1961年 在瑞典的斯德哥尔摩成立了国际工效学联合会，当时参与的有15个联合协会。

1989年 中国成立了中国人类工效学学会。

二、研究内容

在早期，人体工程学主要研究的是人机关系，之后，人体工程学的深度和广度得到扩展，其研究的内容发展为人与环境之间的相互作用。如今，人体工程学还在发展，涵盖的领域也越发广泛，但主要的研究内容为生理学、心理学、环境心理学、人体测量学。

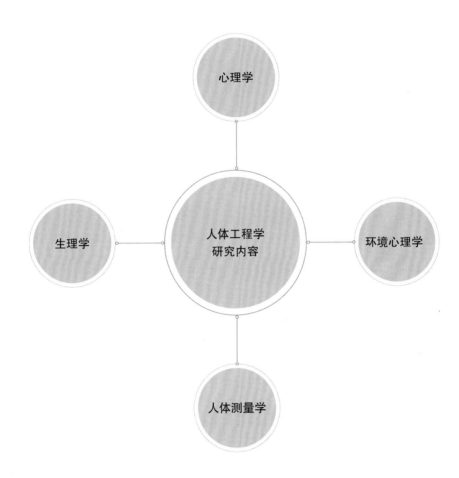

三、人体工程学对室内设计的影响

1. 人体工程学对室内设计质量的促进

人体工程学为室内设计提供了大量科学的、量化的设计依据。可以说，目前室内设计所参考的资料、执行的标准，大都来源于人体工程学的研究，它对室内设计的影响广泛而深远。

2. 人体工程学对室内设计观念的革新

人体工程学将科学的观念、整体的概念以及最前沿的思想融入室内设计理念中，提升了室内设计的要求，促进了室内设计的发展。

第二节

人体工程学的应用

一、室内环境适应人体的最佳参数依据

　　人体工程学将研究对象概括为各种人—机—环境系统，从整体出发研究系统内各要素间的交互作用，人是其中的关键因素。人体基础数据主要有三个方面，即人体构造、人体尺度以及人体的动作域等的相关数据。

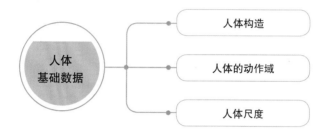

1. 人体构造

　　与人体工程学关系最紧密的是运动系统中的骨骼、关节和肌肉，这三部分在神经系统的支配下，使人体各部分完成一系列的运动。骨骼由颅骨、躯干骨、四肢骨三部分组成，脊柱可完成多种运动，是人体的支柱，关节起骨间连接且能活动的作用，肌肉中的骨骼肌受神经系统指挥收缩或舒张，使人体各部分协调动作。

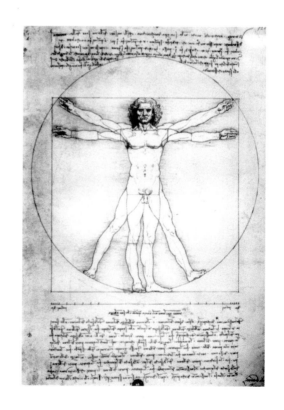

▶达·芬奇根据维特鲁威在《建筑十书》中的描述画出了《维特鲁威人》，展示了完美人体的肌肉构造和比例：一个站立的男人，双手侧向平伸的长度恰好是其高度，双足和双手的尖端恰好在以肚脐为中心的圆周上。

2. 人体尺度

　　人体尺度是人体工程学研究的最基本的数据之一。它主要以人体构造的基本尺寸（又称为人体结构尺寸，主要是指人体的静态尺寸，如：身高、坐高、肩宽、臀宽、手臂长度等）为依据，通过研究人体对环境中各种物理、化学因素的反应和适应力，分析环境因素对人的生理、心理以及工作效率的影响程序，确定人在生活、生产和活动中所处的各种环境的舒适范围和安全限度，所进行的系统数据比较与分析结果的反映。人体尺度因国家、地域、民族、生活习惯等的不同而存在较大的差异。

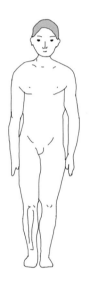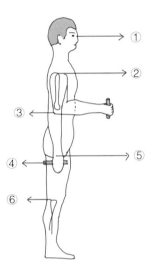

立姿人体尺度
① 眼高
② 肩高
③ 肘高
④ 手功能高
　垂直手握距离
　侧向手握距离
⑤ 会阴高
⑥ 胫骨点高

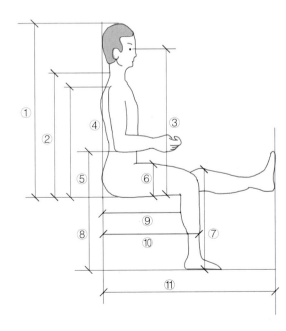

坐姿人体尺度：
① 坐高
② 坐姿颈椎点高
③ 坐姿眼高
④ 坐姿肩高
⑤ 坐姿肘高
⑥ 坐姿大腿厚
⑦ 坐姿膝高
⑧ 小腿加足高
⑨ 坐深
⑩ 臀膝距
⑪ 坐姿下肢长

3. 人体动作域

人在室内各种工作和生活中活动范围的大小，即动作域，它是确定室内空间尺度的重要依据之一。以各种测量方法测定的人体动作域，也是人体工程学研究的基础数据。人体尺度是静态的、相对固定的数据，人体动作域的尺度则为动态的，其动态尺度与活动情景状态有关。

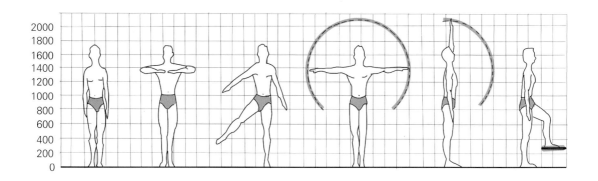

人体基本动作尺度1——立姿、上楼动作尺度及活动空间（单位：mm）

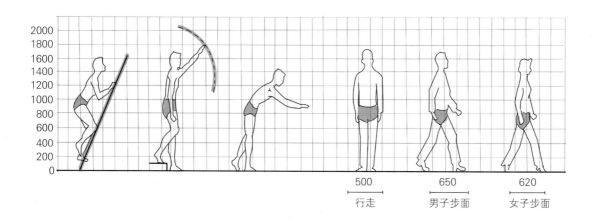

人体基本动作尺度2——爬梯、下楼、行走动作尺度及活动空间（单位：mm）

▲上方两个图中人体活动所占的空间尺度是以实测的平均数为准，特殊情况可按实际需要适当增减。

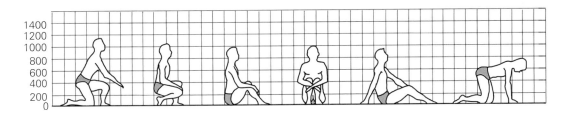

人体基本动作尺度 3——蹲姿、跪坐姿动作尺度及活动空间（单位：mm）

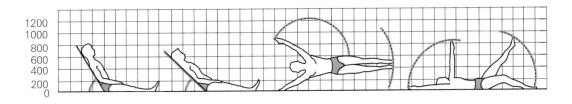

人体基本动作尺度 4——躺姿、睡姿动作尺度及活动空间（单位：mm）

▲上方两个图中人体活动所占的空间尺度是以实测的平均数为准，特殊情况可按实际需要适当增减。

二、室内用具形态尺度的主要依据

　　人类活动主要分为动态和静态两种，确定室内用具的尺寸适合人使用的依据就是人体的尺度，只有满足使用者的生活行为、心理需要，才能设计出适合人使用的用具，从而提供舒适的环境，提高工作效率。

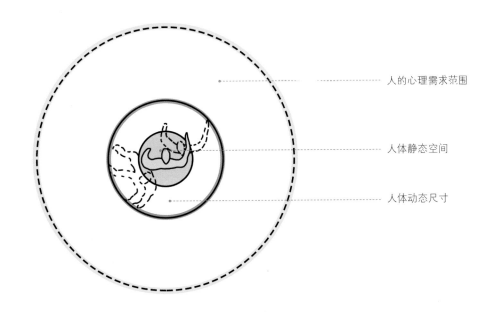

人的心理需求范围

人体静态空间

人体动态尺寸

室内设计与人体工程学

三、常用人体尺寸对应表

我国成年人人体相关尺寸对应表

单位：mm

项目	5百分位	50百分位	95百分位	
身高	1583	1678	1775	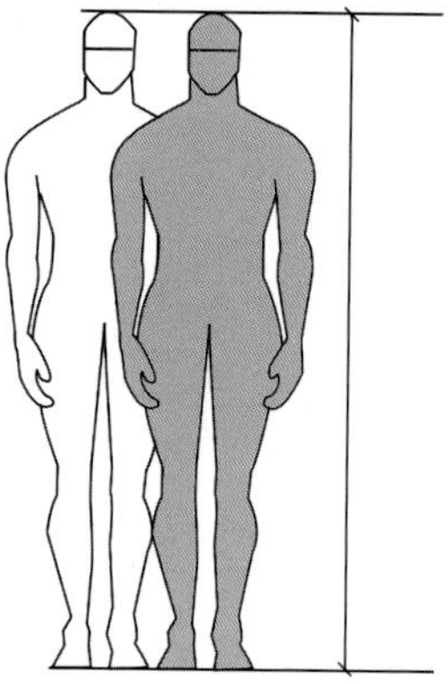
	1483	1570	1659	
眼高	1464	1564	1667	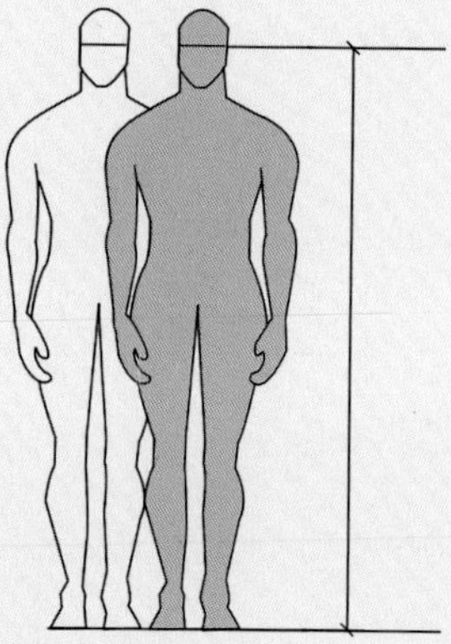
	1356	1450	1548	
肩高	1330	1406	1483	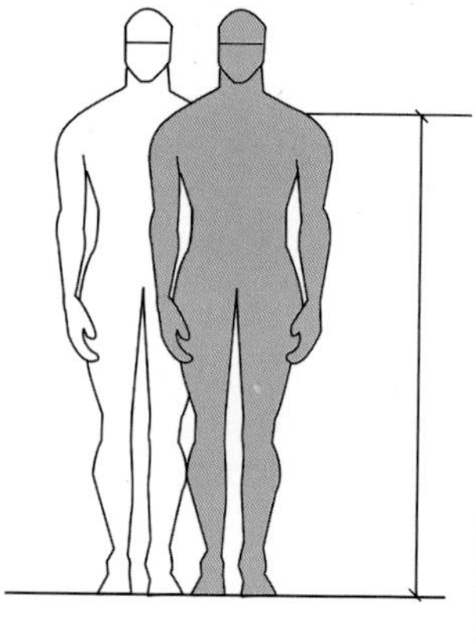
	1213	1307	1383	

项目	5百分位	50百分位	95百分位	
肘高	973	1043	1115	
	908	967	1026	
胫骨点高	392	435	479	
	357	398	439	
肩宽	385	409	500	
	342	351	388	

项目	5 百分位	50 百分位	95 百分位	
立姿臀宽	313	340	372	
	314	343	380	
立姿胸厚	199	230	265	
	183	213	251	
立姿腹厚	175	224	290	
	165	217	285	

项目	5 百分位	50 百分位	95 百分位	
立姿中指 指尖上举高	1970	2120	2270	
	1840	1970	2100	
坐高	858	908	958	
	809	855	901	
坐姿眼高	737	793	846	
	686	740	791	

项目	5 百分位	50 百分位	95 百分位	
坐姿肘高	228	263	298	
	215	251	284	
坐姿膝高	467	508	549	
	456	485	514	
坐姿大腿厚	112	130	151	
	113	130	151	

项目	5 百分位	50 百分位	95 百分位	
小腿加足高	383	413	448	
	342	382	423	
坐深	421	457	494	
	401	433	469	
坐姿两肘间宽	371	422	498	
	348	404	478	

项目	5 百分位	50 百分位	95 百分位	
坐姿臀宽	478	321	355	
	310	344	382	

注: 1. 表格中上行为男性尺寸，下行为女性尺寸。

2. 第 5 百分位指 5% 的人的适用尺寸，第 50 百分位指 50% 的人的适用尺寸，第 95 百分位指 95% 的人的适用尺寸，可以简单对应成小个子身材，中等个子身材，大个子身材。

在测量和设计时，对于数据的应用需要注意以下几点：

① 够得着的距离：一般采用 5 百分位的尺寸，如设计站着或者坐着的高度时。

② 常用的高度：一般采用 50 百分位尺寸，如门铃、把手。

③ 容得下的距离：一般采用 95 百分位尺寸，如设计通行间距。

④ 可调节尺寸：可能时增加一个可调节型的尺寸，如可调节的椅子、可调节的搁板等。